生态第一课

写给青少年的 绿水青山

◎ 马荣华　主编

◎ 熊俊峰　胡旻琪　副主编

中国的湖

中国地图出版社

·北京·

图书在版编目（CIP）数据

写给青少年的绿水青山．中国的湖 / 马荣华主编
．-- 北京 ：中国地图出版社，2023.12
（生态第一课）
ISBN 978-7-5204-3747-9

Ⅰ．①写… Ⅱ．①马… Ⅲ．①生态环境建设－中国－
青少年读物②湖泊－水环境－生态环境建设－中国－青少
年读物 Ⅳ．① X321.2-49

中国国家版本馆 CIP 数据核字 (2023) 第 244034 号

SHENGTAI DI-YI KE XIE GEI QINGSHAONIAN DE LYUSHUI QINGSHAN ZHONGGUO DE HU
生态第一课·写给青少年的绿水青山·中国的湖

出版发行	中国地图出版社	邮政编码	100054	
社　　址	北京市西城区白纸坊西街 3 号	网　　址	www.sinomaps.com	
电　　话	010-83490076　83495213	经　　销	新华书店	
印　　刷	河北环京美印刷有限公司	印　　张	8	
成品规格	185 mm × 260 mm			
版　　次	2023 年 12 月第 1 版	印　　次	2023 年 12 月河北第 1 次印刷	
定　　价	39.80 元			
书　　号	ISBN 978-7-5204-3747-9			
审 图 号	GS 京（2023）2094 号			

本书中国国界线系按照中国地图出版社 1989 年出版的 1：400 万《中华人民共和国地形图》绘制
如有印装质量问题，请与我社联系调换
本书中有个别图片，我们经多方努力仍未能与作者取得联系。烦请作者及时联系我们，以便支付相关
费用。

杨白洁　林彦杰　岳　蕾　赵　溪　侯　越

徐有三　崔　雪

《中国的湖》编辑部

策　　划　孙　水

统　　筹　孙　水　李　铮

责任编辑　何　慧

编　　辑　杨　帆　董　蕊　张　瑜

插画绘制　原琳颖　王荷芳

装帧设计　徐　莹　风尚境界

图片提供　视觉中国

前　言

　　生态文明建设关乎国家富强，关乎民族复兴，关乎人民幸福。纵观人类发展史和文明演进史，生态兴则文明兴，生态衰则文明衰。党的十八大以来，以习近平同志为核心的党中央以前所未有的力度抓生态文明建设，将生态文明建设纳入中国特色社会主义事业"五位一体"总体布局，建设美丽中国已经成为中国人民心向往之的奋斗目标。生态文明是人民群众共同参与共同建设共同享有的事业，每个人都是生态环境的保护者、建设者、受益者。

　　生态文明教育是建设人与自然和谐共生的现代化的重要支撑，也是树立和践行社会主义生态文明观的有效助力。其中，加强青少年生态文明教育尤为重要。青少年不仅是中国生态文明建设的生力军，更是建设美丽中国的实践者、推动者。在青少年世界观、人生观和价值观形成的关键时期，只有把生态文明教育做好做实，才能为未来培养具有生态文明价值观和实践能力的建设者和接班人。

　　为贯彻落实习近平生态文明思想，扎实推进生态文明建设，培养具有生态意识、生态智慧、生态行为的新时代青少年，我们编写了这套《生态第一课·写给青少年的绿水青山》丛书。

　　丛书以"山水林田湖草是生命共同体"的理念为指导，分为8册，按照山、水、林、田、湖、草、沙、海的顺序，多维度、全景式地展示我国自然资源要素的分布与变化、特征与原理、开发与利用，介绍我国生态文明建设的历

史和现状、问题和措施、成效和展望，同时阐释这些自然资源要素承载的历史文化及其中所蕴含的生态文明理念，知识丰富，图文并茂，生动有趣，可读性强，能够让青少年深刻领悟到山水林田湖草沙是不可分割的整体，从而有助于青少年将人与自然和谐共生的理念和节约资源、保护环境的意识内化于心，外化于行。

人出生于世间，存于世间，依靠自然而生存，认识自然生态便是人生的第一课。策划出版这套丛书，有助于我们开展生态文明教育，引导青少年在学中行，行中悟，既要懂道理，又要做道理的实践者，将"绿水青山就是金山银山"的理念深植于心，为共同建设美丽中国打下坚实的基础。

这套丛书的编写得到了中国地质科学院地质研究所、中国水利水电科学研究院、中国水资源战略研究会暨全球水伙伴中国委员会、中国科学院植物研究所、农业农村部耕地质量监测保护中心、中国科学院南京地理与湖泊研究所、中国地质大学（武汉）地理与信息工程学院、自然资源部第二海洋研究所等单位的大力支持，在此谨向所有支持和帮助过本套丛书编写的单位、领导和专家表示诚挚的感谢。

本书编委会

图 例

★北京　　首都

⊙西宁　　省级行政中心

○ 。　　其他城镇

——未定——　　国界

·············　　省级界

〰〰　　海岸线

〰〰　　河流、湖泊

〰〰　　时令河、时令湖

┷┷┷┷　　运河

▲　　山峰

░░　　沙漠

第三章　潋滟碧波湖之生

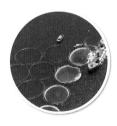
第四章　源源不绝湖之用

第五章　潭镜再磨湖之煌

第六章　富轹万古湖之道

第一章
源远流长湖之情

　　浮光跃金，静影沉璧，上下天光，一碧万顷。古往今来，湖泊不仅是大自然的杰作，也是人类文明的见证者。湖泊承载着古老的传说，诉说着历史的变迁。湖泊是文人墨客创作的灵感源泉。

第一节　赓续文脉湖之情

　　赓续即延续的意思，赓续文脉即立民族文化之根，承民族精神血脉，拓文明发展之道，焕发文化生机，滋养民族之魂。

读最美的诗，跟着湖走

　　"天上的星星千千万，地上的湖泊万万千。" 中国湖泊众多，据《中国湖泊生态环境研究报告》，我国现有面积1平方千米以上的天然湖泊2 670个，总面积8.07万平方千米。湖是散落在中国大地上的一颗颗明珠，

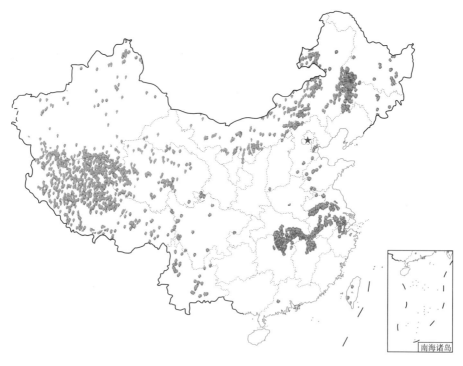

△ 我国面积超过1平方千米的天然湖泊分布示意图

它们神秘、含蓄、灵秀、纯净，或壮美或柔情，它们牵绊着诗人的脚步，涵养着诗人的情趣，激发着诗人的灵感。关于湖的诗词在中华文明中闪闪发光，蔚为壮观。

诗人们为什么钟情于湖？

总的来说，湖符合诗人们的审美：静谧、开阔、深邃、美丽、闲适、洁净。

静谧。湖水轻盈平静，阳光下，湖面波光粼粼，如待字闺中的少女一般温柔安静。临湖而居，远离尘世的浮华与喧嚣，看"天光云影共徘徊"，便能怡情养性。细数清浅流年，安享当下，诗人们找到了精神的栖息地。刘禹锡的《望洞庭》这样描述："湖光秋月两相和，潭面无风镜未磨。遥望洞庭山水翠，白银盘里一青螺。"秋月澄澈，湖平如镜，银盘青螺，山水辉映，诗情画意。湖不言，自有慰藉人心的力量。白居易泛舟湖上写下："醉卧船中欲醒时，忽疑身是江南客。船缓进，水平流。一茎竹篙剔船尾，两幅青幕覆船头。"自然如画，人在画中，天人合一，宁静祥和。

开阔。湖面横无际涯，万顷碧波，水天相接，让人心境开阔明朗，心情畅然惬意，获得胸怀天下、豁然无阻的通透。王勃眺望鄱阳湖写下："落霞与孤鹜齐飞，秋水共长天一色。"他用豪放的气势、顿挫的节奏，形象地描述了鄱阳湖的浩渺。孟浩然的《望洞庭湖赠张丞相》写道："八月湖水平，涵虚混太清。气蒸云梦泽，波撼岳阳城。"诗句描绘了洞庭湖湖面与岸齐平，水天含混迷离，气魄宏大，波涛汹涌的壮观景象。杜甫的《登岳阳楼》写道："昔闻洞庭水，今上岳阳楼。吴楚东南坼，乾坤日夜浮。"漂泊异乡的杜甫虽处境艰难，两鬓繁霜，却一直惦念洞庭湖，慕名前往观瞻，面对雄浑壮阔的洞庭湖，他胸中翻滚的是吞吐乾坤的豪气，心中再多的块垒暂时也能被抚平。

深邃。湖被誉为地球的"肾脏"，一汪碧湖能承载、消化、排解很多东西。智者乐水，临湖而立，或欣赏波涛翻滚撞击湖岸，或凝视湖中日月星辰的倒影，抑或感受吹过湖面柔柔的清风……王昌龄的《太湖秋夕》写道："水宿烟雨寒，洞庭霜落微。月明移舟去，夜静魂梦归。"湖水托着轻舟，舟中人感受着湖水的律动，酣然入梦，梦里，游子涌入了故乡的怀抱。在身处异乡的诗人心中，自然的山水是一剂精神良药，慰人思乡苦。

美丽。湖是一道亮丽的风景，装点了祖国的大好河山。湖光山色，山清水秀。一群优雅的白鹭飞过，霞光普照，渔歌唱晚，这确确实实是人间仙境。白居易的《钱塘湖春行》写道："最爱湖东行不足，绿杨阴里白沙堤。"杨柳依依，莺歌燕舞，社会安宁，百姓康乐，这是治愈的美。白居易任杭州刺史三年，清廉贤明，做了许多利国利民的好事，为疏通西湖淤泥，他发动百姓兴筑湖堤等。白居易离任后，杭州百姓把西湖中的"白沙堤"改名为"白

⚠ 杭州西湖

堤"来纪念他。苏轼的《饮湖上初晴后雨》中这样描述西湖："水光潋滟晴方好，山色空蒙雨亦奇。欲把西湖比西子，淡妆浓抹总相宜。"这是苏轼任杭州通判期间写的一首诗，诗人描绘了西湖的美景、青山碧水、水光潋滟、风景如画，让人赏心悦目。苏轼是一位勤政爱民的官员，任职期间，造福一方。他先后两次来到杭州任职，其水利政绩主要体现在治理西湖、修缮六井、疏浚运河、治理钱塘江等方面。杭州的很多角落都留下了苏轼写诗、作画、饮酒的身影。

闲适。湖水是自由的，它悠悠荡荡，无羁无碍，任意西东。李白在《秋登巴陵望洞庭》中写道："明湖映天光，彻底见秋色。秋色何苍然，际海俱澄鲜。"彼时，李白结束了十五个月的流放生活，重新获得自由，心情舒畅，故而写下此诗。常建的《戏题湖上》写道："湖上老人坐矶头，湖里桃花水却流。竹竿袅袅波无际，不知何者吞吾钩。"诗人垂钓湖上，湖是鱼儿的乐园，也是闲钓者的乐园。

洁净。湖像大地的眼睛，明眸善睐，不容浊物沾染。如果湖中植荷，亭亭玉立的荷花摇曳着婀娜的身姿簇拥着一湖碧波，那真能净心养神。杨万里用"接天莲叶无穷碧，映日荷花别样红"写六月的西湖。花红叶绿，芬芳扑鼻，人心被荡涤得纯净无比。

探索与实践

1. 你见过中国的哪些湖泊？它们有什么特点？用自己的语言描述出来。

2. 你还读过哪些写湖的诗？选择一首，与同学们分享其情景交融的诗意美。

第二节　史海钩沉湖之传

"钩沉"即把被湮没不彰或佚失的事物呈现出来，"史海钩沉"即在浩瀚的历史中探索深奥的道理或散失的内容。

关于湖泊的传说有哪些特点？

民间有很多关于湖泊的动人传说。为什么湖泊的背后有那么多动人的传说呢？沧海桑田，湖在古人的眼里是久远的，神秘的，撼人心魄的。有水的地方就有生命，湖水利万物生灵，湖提供给人们赖以生存的丰富的生活资源。在古人眼里，湖是神仙探访人间留下的足迹，足迹里藏着的故事圣洁、浪漫、迷人。很多故事往往透露出古人对大自然的敬畏和感恩。

羊卓雍错，流传着一个善恶有报的传说

相传，很久以前这里只是一个泉眼，附近住着一家富人，富人家中有个佣人叫达娃。一天，达娃在泉眼边救了一条小金鱼，小金鱼入水后变成了一位美丽的姑娘并送给达娃一件宝贝。主人发现后，硬要达娃带他到泉眼边找宝贝和姑娘。没达到目的，富人竟将达娃推进泉眼中淹死了。此时，姑娘出现了，她随即变成汹涌的洪水向富人袭来，使富人尝到了恶果。从此这处泉眼变成了一泓碧蓝清澈的湖泊，名叫羊卓雍错。也有民间传说称，羊卓雍错是天上一位仙女变成的。羊卓雍错养育了一代又一代的牧民，如今人们幸福地歌唱："天上的仙境，人间的羊卓；天上的繁星，湖畔的羊群。"

△ 羊卓雍错

呼伦湖和贝尔湖，流传着创造美好生活的传说

　　相传，美丽富饶的草原上住着一对非常恩爱的夫妻，丈夫叫贝尔，妻子叫呼伦，夫妻俩放养着数千只牛羊，数千匹马，是草原上有名的富户。他们不但自己富有，还不忘记草原上的其他牧民，经常分给牧民牛、羊、马等，同时还帮助牧民致富，教授他们如何饲养牲畜。在夫妻二人的帮助下，这片草原上的牧民都过上了富裕的生活。然而，好景不长，突然有一天，千里之外的魔鬼听到了这个消息，又非常嫉妒呼伦和贝尔，扬言一定要把他们消灭掉。魔鬼派兵先抢了他们的牲畜，又抢了他们的食物。由于势单力薄，夫妻俩被分散在南北的草甸子上。魔鬼还使用魔法让南、北两边草原上的河水枯干，牧草枯死。贝尔和呼伦是恩爱的夫妻，有着难得的默契，心灵相通。为解决这一难题，他们想到了一个好的方案，然后马上开始行动。他们在各自的地方挖掘泉水，日复一日，年复一年，皇天不负苦心人，他们终于挖出了

∧ 呼伦湖

两眼泉水，慢慢地，水越汇越多，两处泉眼变成了两个湖泊。草原上有了水，就有了绿色，牧民们又过上了幸福安康的生活。但是，呼伦和贝尔还是没能相见，怎么办？他们为了能永远在一起，就毅然决然地跳进了各自挖掘的湖中，化作湖水，通过河流永远地连在一起。从此，草原上北面由妻子呼伦挖的湖就叫呼伦湖，南面由丈夫贝尔挖的湖就叫贝尔湖。在呼伦湖和贝尔湖的滋润下，这片草原世世代代美丽富饶。

探索与实践

　　中国湖泊众多，湖的传说数不胜数，假如班级将组织一次关于湖泊的故事大赛，你准备讲述哪个湖的传说故事？

第三节　洞鉴古今湖之史

在汉语中，"江湖"这个词的本义是指广阔的江河、湖泊，后衍生出"天下"的意思。历史上，河流、湖泊不仅为人们提供了必要的生活资源，同时也可以用来布置水军作战、运输辎重等，在战争中发挥关键的作用。

鄱阳湖之战

鄱阳湖之战是元朝末年朱元璋和陈友谅为争夺鄱阳湖水域所进行的一场水上决战，以朱元璋完胜陈友谅告终。鄱阳湖之战是中国历史上规模最大的水战之一，时间之长，规模之大，投入兵力与舰船之多，战斗程度之激烈，在中国古代水战史上都是空前的。经此一役，朱元璋为统一江南扫清了最大的障碍，也为建立明朝打下了坚实的基础。鄱阳湖之战是一场以弱胜强的经典战役。在这场大战之前，陈友谅坐拥六十万大军，三倍于朱元璋，而且陈

△ 楼船示意图

友谅本人出身渔家，最善水战。而朱元璋在战略上更注重对环境的利用，在此战之前，陈友谅的水军已围困洪都城（今江西南昌）长达三个月，却久攻不下。随着时间的推移，长江等江湖开始进入枯水期，而陈友谅的水军战船多是体型庞大的楼船，因而其活动范围受到了很大限制。而此时，朱元璋已经在鄱阳湖通往其他水域的咽喉要道上设置了伏兵，就等着瓮中捉鳖。陈友谅只得进入鄱阳湖与朱元璋展开大战。在最初的战斗中，朱元璋并没有占到便宜。因为朱元璋的战船主要是小型船只，难以对楼船造成威胁。而且，陈友谅将楼船用铁索相连，威力更是倍增。可是过了几天，鄱阳湖上刮起了风。朱元璋的部将郭兴提出用火攻，最终大破陈友谅。

⋀ 火攻楼船

"连环计＋东风＋火攻"，这不正是赤壁之战的翻版吗？其实在《三国志》中，并没有记载连环计和借东风，只记录了曹操将战船首尾相接，结果被火攻击败。而《三国演义》是明初的小说，所以，作者罗贯中很有可能是将鄱阳湖之战的细节挪用到了自己的小说中。

铁道游击队的大本营在湖里？

"西边的太阳快要落山了，微山湖上静悄悄。弹起我心爱的土琵琶，唱起那动人的歌谣。爬上飞快的火车，像骑上奔驰的骏马，车站和铁道线上，是我们杀敌的好战场。我们爬飞车那个搞机枪，闯火车那个炸桥梁。就像钢刀插入敌胸膛，打得鬼子魂飞胆丧……"

这首《弹起我心爱的土琵琶》是电影《铁道游击队》的主题曲，该片以真实历史为依据，展现了铁道游击队英勇抗日的英雄事迹。为铁道游击队提供庇护的湖泊便是微山湖。微山湖位于山东省西南部，包括京杭大运河等50余条河流在此交汇，它连通了江苏、山东、河南、安徽四省。

微山湖内有一座微山岛，它正是铁道游击队的重要根据地。这里四面环湖，周围芦苇密布，非常适合"敌进我退、敌驻我扰、敌疲我打、敌退我追"的游击战术。游击队员在芦苇荡中与敌人"捉迷藏""绕圈圈"，直到对方筋疲力尽，再给予迎头痛击。所以，虽然微山湖四周都是敌占区，可是敌人却拿微山湖内的游击队毫无办法，组织了多次围剿却收效甚微，自己的损失反而很大。

四通八达的微山湖还是通往延安的秘密红色交通线。通过这条湖上交通线，铁道游击队、微山湖大队等抗日武装曾安全护送了一千多名党的干部往返延安，还运送了大量的战略物资和情报，为抗日战争的胜利做出了不可磨灭的贡献。

︿ 铁道游击队纪念园　　　　　　︿ 微山湖

探索与实践

　　《洪湖水浪打浪》也是一首脍炙人口的歌曲，请你听一听，了解其背后的红色故事。

第四节　相映成趣湖之音

中国的"天空之镜"在哪里？

提起"天空之镜"，很多人会想到位于玻利维亚的乌尤尼盐沼。不过，在中国也有一个湖泊与之有着异曲同工之妙，那就是位于青海省的茶卡盐湖。茶卡盐湖湖面海拔 3060 米，湖面面积 116.1 平方千米，平静的湖面犹如一面无边无际的镜子，将蓝天白云反射进人的眼帘，"天空之镜"由此得名。全国各地的游客慕名而来，都被这奇景所震撼。茶卡盐湖不仅是一处美丽的风景区，更是沧海桑田的见证。盐湖所在地区曾是海洋，后随着板块运动，整个青藏高原抬升隆起，海水便留在了青藏高原的低洼处形成一个个湖泊。与此同时，青藏高原阻挡了来自海洋的暖湿季风，因而气候干旱少雨，

▲ 茶卡盐湖

湖水大量蒸发，湖水盐度越来越高，最终形成了盐湖。茶卡盐湖所出产的盐含有多种矿物质，在没有提纯时呈现青黑色，所以被称为大青盐。在我国传统医学中，大青盐是一味药材，据《本草纲目》记载："今青盐从西羌来者，形块方棱，明莹而青黑色，最奇。"大青盐具有清热、明目等功效。不过，千万不要因为大青盐中的主要成分是氯化钠就直接将其用于烹饪调味，其中含有的杂质并不适合日常食用。由于既是奇景又是盐矿，人们也纷纷来这里打卡留念。

为什么在抚仙湖捕鱼叫拿鱼？

抚仙湖位于云南省，湖面海拔 1721 米，最大水深 155 米，水域面积 212 平方千米，仅次于滇池和洱海，为云南省第三大湖。抚仙湖蓄水量大，达 189 亿立方米。用"池子大了什么鱼都有"来形容抚仙湖再合适不过了，在抚仙湖里有很多其他水域难得一见的独特鱼类，其中的"大明星"就是肉质鲜美的抗浪鱼。而当地渔民捕捞抗浪鱼的方式很奇特，不用船也不用网，到岸边的鱼洞里拿鱼即可。

⌃ 抗浪鱼

抗浪鱼会这么傻傻地送上门来吗？实际上抗浪鱼并不容易捕捞，这种鱼平日生活在水深 40 多米的区域，对水质要求高，是抚仙湖的"深水精灵"。抗浪鱼到了产卵期会变得异常活跃，它们纷纷从深水区游向岸边浅滩礁石处，寻找流动的清泉排卵。由于它们喜欢逆流而上，因此，当地渔民为了捕捉抗浪鱼发明了"车水捕鱼"。当地渔民会在湖岸边挖出名为"鱼洞"的深沟，然后等待抗浪鱼产卵期的到来。雨季时，鱼洞中会充满清澈的泉水，这对抗浪鱼来说是莫大的诱惑。此时，人们就会在洞口摆放一架手拉水车，在洞尾

摆放入口大、出口小的鱼笼。手拉水车一经启动，顿时浪花滚滚，抗浪鱼就会误以为跳过去就能到达优质的产卵地，于是争先恐后上演"跳龙门"的绝技，最终纷纷跳入了食客的盘中。

　　1965 年，抚仙湖抗浪鱼的捕捞量约为 450 吨；到了 1998 年，抚仙湖抗浪鱼的年产量就已不足 0.2 吨。除了过度捕捞之外，抗浪鱼濒临灭绝的另一个重要原因是抚仙湖的"姐妹湖"星云湖在 1982 年开始养殖银鱼。当星云湖汛期涨水时，就会有大量银鱼进入抚仙湖，银鱼相比抗浪鱼繁殖能力更强，且二者食性相似，所以银鱼一定程度上争抢了抗浪鱼的生态位。不过，随着当地政府的治理，抗浪鱼的数量有所回升。时至今日，使用鱼洞来捕捞抗浪鱼的渔民已经很少了，很多鱼洞也经过翻新改建成为了抗浪鱼产卵繁育的育婴房。从捕捞到保育，"鱼洞"完成了华丽变身。

第二章
沉沉翠色湖之秘

　　璀璨明珠，点缀锦绣大地；五彩斑斓，铸造华夏玉璧。作为大自然的艺术品，湖泊的成因各有不同，多变的气候和巧妙的地质构造创造了多姿多彩的湖泊。揭开湖泊神秘的面纱，令人心驰神往。让我们一起走进湖泊的世界，感受大自然的鬼斧神工。

第一节 天造地设湖之成

"湖光秋月两相和,潭面无风镜未磨",湖泊被美喻为"天空之镜""大地的调色盘"。伍光和先生在《自然地理学》一书中将湖泊定义为:地面洼地积水形成的较为宽广的水域。由此可见,湖的形成需要两个条件,一个是洼地,也就是湖盆,湖盆是形成湖泊的必要条件;另一个是积水,湖水是形成湖泊的物质基础。

湖泊的形成

水盆是一种盛水的下凹形容器,花盆是一种种花的下凹形容器,湖盆便是盛放湖水的下凹形"容器",也就是洼地。湖盆是形成湖泊的第一步,有的位于高山,有的位于海边,有的位于河道附近。

我只听过水盆、花盆、聚宝盆,湖盆到底是什么?

按照成因的不同,湖盆可分为构造湖盆、火山湖盆、海成湖盆、冰川湖盆、风成湖盆、堰塞湖盆等。湖泊也由此可分为构造湖、火山口湖、海成湖、冰川湖、风成湖、堰塞湖等。

构造湖是由地壳构造运动所形成的坳陷盆地积水而成的。由于构造湖的湖盆内壁较为陡峭,因此其特点是湖水较深、湖岸陡峭、湖体狭长。云南的滇池和洱海、青海的青海湖、内蒙古与蒙古国交界的呼伦湖和贝尔湖等都是构造湖。

∧ 滇池　　　　　　∧ 洱海　　　　　　∧ 呼伦湖

　　火山口湖系火山喷发休眠后，冷却的熔岩和碎屑物在火山口周围堆积，形成圆形或椭圆形湖盆，后因降雨、积雪融化等积水而形成的湖泊，其湖岸陡峭，湖水很深。长白山天池就是火山口湖。

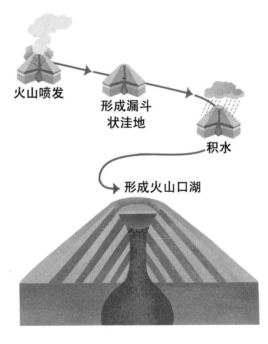

∧ 火山口湖形成示意图

海成湖是由于泥沙沉积使得部分海湾与海洋分割而形成的。约在数千年前，西湖还是一片浅海湾，后来由于海潮和钱塘江挟带的泥沙不断在湾口附近沉积，使湾内海水与海洋完全分离，湾内海水经逐渐淡化形成了今日的西湖。

⚠ 冰川湖

冰川湖也常被称为冰湖，是由冰川作用形成的坑洼和冰碛物堵塞冰川槽谷积水而成的湖泊。这些湖泊往往发育于冰川作用形成的洼地或坑洞中。这些洼地或坑洞积水就会慢慢形成湖泊。冰川湖在阳光下呈现出深浅不一的蓝绿色。冰川湖中的水通常来自冰川融水或降雪、降雨等。青藏高原上的许多湖泊是冰川湖。

风成湖是指在沙漠中低于潜水面的丘间洼地，水经四周沙丘渗流汇集而成的湖泊，如甘肃省敦煌市附近的月牙泉，四周被沙山环绕，水面酷似一弯新月，湖水清澈如翡翠。

⚠ 风成湖——月牙泉

堰塞湖系火山喷出的岩浆、地震引起的山崩和冰碛物、泥石流等引起的滑坡体等壅塞河床，截断水流出口，造成上部河段积水而形成的。黑龙江省的镜泊湖就是一个堰塞湖，它是由于火山喷出的岩浆堵塞了牡丹江河道而形成的。

知识速递

堰塞湖的名称十分形象。"堰"是指较低的挡水建筑物。"塞"意为堵塞。堰塞湖即为被物质阻塞而形成的湖泊。

湖水不是平静的吗？堰塞湖为什么危险？

▼ 堰塞湖——镜泊湖

知识速递

为什么说堰塞湖是危险的？

　　由于堰塞湖是"意外"形成的"河中湖"，因此它并不稳定。一方面，河水不断注入，导致湖盆中水量增多、水位抬升，湖盆所承受压力变大；另一方面，由于山体滑坡等形成的阻塞物并不牢固，其在河水的冲刷、侵蚀下容易崩塌。一旦堰体崩塌，湖中大量的水便倾泻而下形成洪水，会对下游的房屋和居民造成伤害。

　　因此，在堰塞湖形成后，要定期对其进行监测和评估，在发生危险前，通过人工挖掘、爆破等方式疏通河道，避免堰塞湖溃坝。

湖泊的去向

　　湖泊除了可以按照成因分类，还可以根据湖泊所在流域的特点进行分类。根据湖泊与海洋的关系，可以将其划分为内流湖和外流湖。如果湖泊的水可以通过河流最终流入海洋，则为外流湖；如果湖泊是所有注入河流的终点，则为内流湖。湖泊中的水如果不能流出去，由河流带来的矿物质就会在湖泊中逐渐积累，而湖泊就会慢慢变成咸水湖。

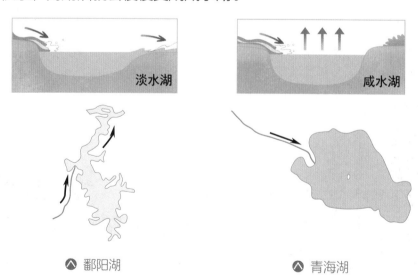

淡水湖　　　　　　　　　　咸水湖

⌃ 鄱阳湖　　　　　　　　　⌃ 青海湖

知识速递

湖水矿化度即湖水含盐量。指一升湖水中所含各种盐类的总重量。按照矿化度，湖水可分为淡水湖与咸水湖。

淡水湖：湖水矿化度小于 1 克每升的湖泊。

咸水湖：湖水矿化度在 1 ~ 35 克每升的湖泊。

内流湖一定就是咸的吗？

虽然内流湖多为咸水湖，但并不是所有的内流湖都是咸水湖。比如位于西藏的玛旁雍错，该湖泊就是一个内流湖，但它却是天然的淡水湖。这是由于它地处高原寒冷区，且水量巨大，还没有转变成咸水湖。因此，我们在判断湖泊是咸水湖还是淡水湖时，不能仅依靠其是内流湖还是外流湖这一个条件，还需要从湖泊所处的气候区、湖泊的演变情况等多个角度综合考虑。

我们内流湖不一定都是咸的哦！

知识速递

在藏语中，"错"是指湖（湾）。青藏高原上有很多"错"，比如人们熟知的"纳木错"。又如，玛旁雍错，藏语意为"胜利，不败"，位于西藏阿里地区普兰县城东35 千米处、岗仁波齐峰之南，自然风景非常美丽，有"圣湖"之称。

拓展阅读 ▶ 青海湖的形成与变化

　　诞生之初的青海湖本是一个淡水湖，雨水和冰川融水汇流成河，由四周注入湖中，湖水又通过东南部的河流泄入古黄河，那时，这里气候温润，水草丰美。古人称青海湖为"西海"。相传，在距今 3000 多年前，古羌人部落女首领——西王母曾在遥池宴请乘八骏之辇来看望她的周穆王，而瑶池便是如今美丽的青海湖。

　　大约 13 万年前，地质运动使得青海湖东面的日月山快速隆起，出湖口水流倒灌，从此河水只进不出，青海湖慢慢由外流湖变成了内陆湖。随着盐分在湖中日积月累，青海湖逐渐演变成了咸水湖。青海湖含盐量大约为 1.25%，也就是说每升青海湖的湖水大约含盐 12.5 克。

　　20 世纪以来，人们在青海湖流域过度放牧和盲目开垦，使得入湖河流的数量由上百条锐减至不到 40 条。根据青海省水利部门的监测数据，青海湖最大水域面积是 20 世纪 50 年代中期的 4625.8 平方千米，最小水域面积是 2004 年的 4201.7 平方千米。与此同时，环湖地区有超过 1000 万亩（1 亩 ≈ 667 平方米）的草原发生了退化，沙丘和风沙土地的面积达到了 800 平方千米，并且仍在以每年 10 平方千米的速度继续扩大。

　　让人欣慰的是，经过十年的综合治理，2014 年青海湖水域面积恢复到 4440.8 平方千米。水位上涨有气候变暖、降雨增多等多重原因，也有人们为涵养水土退耕还草所付出的诸多努力。

△ 青海湖

1.选择一个你见过或者感兴趣的湖泊，查找相关信息并思考它是怎么形成的。按照成因、流域特点等分析它属于哪类湖？是咸水湖还是淡水湖？为什么？完成下面的湖泊名片。

提示：

① 图片可以根据湖泊特点进行手绘；

② 家庭住址为湖泊所处的地理位置；

③ 名片的底色不一定是白色，通过你的设计让名片色彩丰富起来吧。

探索与实践

_____的名片

图片

家庭住址：_____

按成因分类：□构造湖 □火山口湖 □海成湖
□冰川湖 □堰塞湖 □其他____

按流域特点分类：□外流湖 □内流湖

矿 化 度：□咸水湖 □淡水湖

2.同伴之间相互展示自己设计的湖泊名片，并依据名片介绍湖泊，信息越丰富，你介绍的湖泊会越容易被人了解。

第二节　锦绣大地湖之群

我国 960 多万平方千米的辽阔土地上点缀着大大小小的湖泊。其中，湖泊面积在 1 平方千米以上的有 2600 多个，总面积 8.07 万平方千米。

我国湖泊虽然数量多，但在地区分布上很不均匀。总体来看，主要分布在青藏高原、长江中下游平原、松嫩平原和内蒙古锡林郭勒及呼伦贝尔等地。不同地区的湖泊也有不同的特色！

青藏高原湖泊群

青藏高原有洁白的雪山、暗黄的土地、绿色的牧草，还有镶嵌在大地上的"蓝色弹珠"——湖泊。青藏高原大多数湖泊名称中带有"错"字，这是因为在藏语中，"错"是"湖"的意思。

青藏高原湖泊广布，其中，面积超过 1 平方千米的湖泊数量超过 1400 个，总面积超过 5 万平方千米，占我国湖泊总面积的一半以上，它们构成

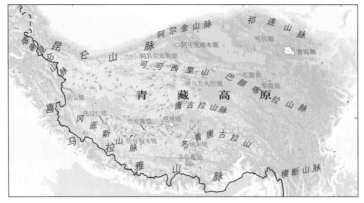

▲ 青藏高原湖泊分布示意图

了地球上海拔最高、数量最多、面积最大的高原湖群，是"亚洲水塔"的重要组成部分。正是这些星罗棋布的湖泊，使这高寒之地孕育了生命，焕发了生机。

知识速递

青藏高原湖泊群的形成

青藏高原被称为"亚洲水塔"，承载着地球上除南北两极之外最大的冰川群，这些冰川为湖泊群提供了水源。

在遥远的过去，青藏高原还是一片海洋。后来由于板块运动，印度板块不断向北移动，挤压了亚欧板块，青藏高原逐渐隆起。经历了强有力的挤压、碰撞等，青藏高原上形成了很多断裂带，这就为湖泊群的形成创造了条件。

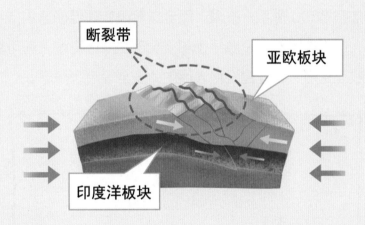

△ 青海湖

△ 当惹雍错

△ 羊卓雍错

·信息卡·　　　　　　　　**多级冰川湖**

　　青藏高原上冰川作用强烈，形成很多洼地，这便形成了很多贮水的湖盆。当冰川融水及降水顺山势而下时，便在湖盆内聚集形成湖泊。若冰川多次后退，则可形成多级冰川湖，它们如同串珠镶嵌在冰川槽谷之中。

⋀ 多级冰川湖

　　科学家们发现，在温室效应影响下，青藏高原的湖泊面积在不断增大。20世纪80年代以来，全球气候变暖引发的问题在青藏高原地区表现得愈发突出，由此也产生了一系列显著影响。青藏高原80%以上的湖泊出现了扩张，近50年来湖泊面积增加了5600多平方千米。而全球气候变暖促使冰川持续退缩、冻土加速融化，这不仅会对水资源平衡和安全产生深远影响，还可能引发衍生灾害，给农牧业生产、工程建设和人民生命安全等带来隐患。

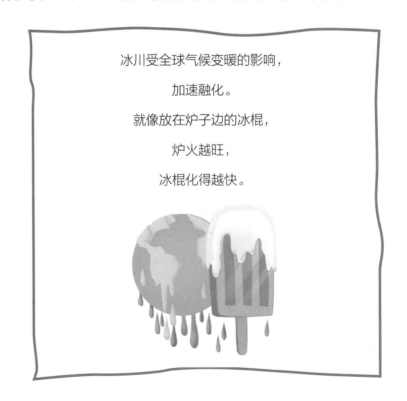

冰川受全球气候变暖的影响，
加速融化。
就像放在炉子边的冰棍，
炉火越旺，
冰棍化得越快。

"鱼米之乡"——长江中下游湖泊群

长江中下游平原有我国最大的淡水湖群，包括鄱阳湖、洞庭湖、太湖、洪泽湖和巢湖等湖泊，它们像一颗颗散落的珍珠，与长江串联成一条美丽的项链，镶嵌在中国东部的辽阔大地上。正是这片淡水湖群孕育了"鱼米之乡"。

△ 长江中下游湖群分布示意图

广阔的长江中下游湖泊群主要有以太湖为主的太湖湖群、以洞庭湖和洪湖为主的两湖平原湖群、以鄱阳湖为主的赣皖湖群、以巢湖为主的苏皖湖群和以洪泽湖为主的江淮湖群。

"苏湖熟，天下足。"位于长江中下游平原的苏浙地区自宋朝以来一直

△ 古代农耕景象

⋀ 长江三角洲城市的发展

是繁华之地，是我国古代经济发展的中心。位于长江入海口附近的太湖平原有很多大大小小的湖泊，其中太湖面积最大，它与长江相通。这里不仅是鱼米之乡，还是我国最大的城市群——长江三角洲城市群的分布地。

唐代诗人孟浩然面对浩瀚的洞庭湖曾写道："气蒸云梦泽，波撼岳阳城。"湖面水气蒸腾，一片白茫茫，湖水波涛汹涌，似乎能把岳阳城撼动，这足以说明"云梦泽"面积之大、水量之丰。云梦泽，又称云梦大泽，是中国湖北省江汉平原上的古代湖泊群的总称。云梦大泽要比今天的洞庭湖大得多，后因长江及其支流所携带泥沙不断淤积，水面逐渐缩小，演化成了今天两湖平原上星罗棋布的湖泊，也就是以洞庭湖和洪湖为主的两湖平原湖群。

赣皖湖群以鄱阳湖为主。鄱阳湖在低水位时会出现"枯水一线"的景观，此时若遇落日晚霞中有鸟飞过，正应"落霞与孤鹜齐飞"的诗情画境。鄱阳湖的面积季节性变化大，丰水期与枯水期的面积及蓄水量差异悬殊，常呈现"洪水一片，枯水一线"的景象。枯水期时，湖面渐渐萎缩，主湖四周的浅碟形洼地之中仍有湖水，便形成了上百个碟形湖。

夏季，长江水灌入鄱阳湖，湖水猛涨，水面迅速扩大，烟波浩渺。

冬季，湖水减少，水位降低，洲滩裸露。

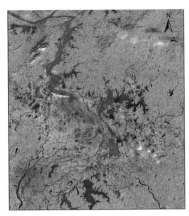 

⚠ 枯水期的鄱阳湖   ⚠ 丰水期的鄱阳湖

·信息卡·　　　　**千湖之省——湖北省**

　　湖北省有着众多的湖泊，它们如点点繁星散落在荆楚大地。资料显示，在清朝时期，湖北百亩（1 亩 ≈ 667 平方米）以上的天然湖泊多达 1500 个，这只是面积比较大的湖泊，还有数不清的小湖泊分布其间。所以，湖北"千湖之省"的美誉绝非虚言。

"北方泽国"——松嫩平原湖泊群

　　松嫩平原湖泊群是我国东北地区的一个低平原湖泊群。区域内古河道纵横交错，沙丘、沙垄起伏连绵，湖泡星罗棋布。

松嫩平原有 7000 多个湖泡，它们似群星溅落，像串串明珠，为各类水生植物的生长、水禽及鱼类的生存提供了良好的生态环境

表1　松嫩平原湖泊群的演变过程

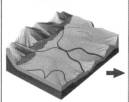	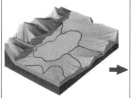	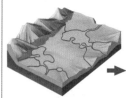	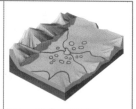
距今2亿年，大兴安岭开始隆起，松嫩平原开始沉降，形成一片洼地。	松花江、嫩江等众多河流开始源源不断地注入这片洼地，到200万年前，这里形成了一个大湖（称古松辽大湖）。	距今10万年，古大湖中心地带地壳隆起，湖底抬高，湖水溢升使得辽河向南流入海，松花江也向东北流去。	大湖并非全部瓦解，由于这里地势低洼，最终残留了一部分水域，形成了很多湖泊。

·信息卡·　　　**百湖之城——大庆**

　　黑龙江省大庆市拥有200多个湖泊，大小湖泡像串串明珠，点缀在大庆的土地上。

　　连环湖是大庆市的一个大型浅水湖泊，水面由阿木塔泡、他拉红泡、西葫芦泡等18个湖泡联合组成。

⚠ 连环湖示意图

"塞外明珠"——河套湖群

黄河"几"字湾顶端的河套平原上有个城市叫"巴彦淖尔","巴彦淖尔"蒙古语意为"富饶的湖泊"。在风蚀作用下,河套平原上形成了很多风蚀洼地,加上黄河改道后留下的天然堤、古河间低地和灌溉废渠形成的低洼地,它们积水成湖,使得河套平原的湖泊星罗棋布,有大小湖泊300多个。

乌梁素海是全球荒漠、半荒漠地区极为罕见的大型草原湖泊,虽处塞外,但因其位于黄河之滨,所以形成了水草丰美、牧马成群的繁盛景象,人们赋予它"塞外明珠"的美称。

⋀ 乌梁素海

经研究,过去50多年间,我国湖泊呈现出西增东减的变化。气候因素在我国湖泊整体变化中发挥了主导作用,除此之外,人类活动对湖泊也有很大的影响。我们有责任保护这些祖国大地上的"明珠"。

31

第三节　月照流华湖之色

　　"烟波不动影沉沉，碧色全无翠色深""西湖春色归，春水绿于染""遥望洞庭山水翠，白银盘里一青螺"，古代文人墨客常用"碧""翠""白银盘"形容湖的颜色。有些湖泊，远远看上去幽蓝深远，走近一看，清澈见底，捧起湖水一看，却又是无色透明的。

湖泊的颜色到底蕴藏着什么样的秘密呢？

　　人们常常通过肤色判断人种，进而推测出他们的家乡。湖泊的颜色也在一定程度上受到其地理位置、生态环境和湖水化学性质等因素的影响。

　　大部分湖泊呈现蓝色或绿色，是因为湖水选择性地吸收了太阳光的长波（如红光），而把短波（如蓝光）反射了出去。除此之外，影响湖泊颜色的还有悬浮物质、离子含量、腐殖质和浮游生物等。当悬浮物质多时，湖水呈蓝绿色或绿色，甚至呈黄色或褐色，含腐殖质多时，则呈褐色。

△ 纳木错

湖泊的颜色还与湖水的深度与盐度有关，深水湖水色深，浅水湖水色浅；咸水湖水色深，淡水湖水色浅。水色也有日变和年变的特点，早晚与中午，水色会略有不同，春、夏季水色也受径流携带泥沙的影响而变化。

"你看起来气色真好！"人的气色或多或少反映出身体的健康情况，湖泊的颜色同样也可以反映出湖泊的健康状况。

知识速递

什么是水体富营养化？

水体富营养化指的是生物所需的氮、磷等营养物质大量进入湖泊等缓流水体，引起藻类及其他浮游生物迅速繁殖，水体溶解氧量下降，水质恶化的一种现象，严重时，会引起鱼类及其他生物大量死亡。因占优势的浮游藻类的颜色不同，水面往往呈现蓝色、红色、棕色、乳白色等。水体因富营养化，表面生长着以蓝藻、绿藻等为优势种的大量水藻，形成一层"绿色浮渣"。

这里的湖泊为什么色彩斑斓？

有这样一个湖泊，它的颜色有着多彩的变化，它的上半部呈碧蓝色，下半部则呈橙红色，左边呈天蓝色，右边则呈橄榄绿，这就是位于九寨沟的五彩池。

五彩池为什么有斑斓的色彩？为什么还有台阶一样的东西蓄积了湖水？有一个美丽的传说，说这丰富多彩的颜色来自女神色嫫从脸上洗下的胭脂，台阶则是男神为了给女神打水而踩出来的。

传说总有其奇妙的地方。五彩池并非形成于神仙眷侣的佳话，它之所以色彩斑斓主要是因为湖水里面有大量的悬浮碳酸钙颗粒。这些颗粒对可见光中的短波具有强烈的选择性反射和散射作用。而且钙华沉积过程对磷酸盐等营养物质具有固定作用，碳酸钙与水形成的胶体溶液也具有溶解沉淀效应，

∧ 五彩池

可以吸附湖水中的悬浮杂质，对水体具有净化作用，这进一步降低了湖泊浊度。这使得湖水以反射、散射可见光中的短波为主，但人眼对可见光中的紫光不敏感，所以我们感知到的湖泊颜色主要是蓝绿色。光线在各个方向上的散射强度不一样，这使得人们从不同角度观察时，湖泊会呈现出不同深度的蓝色。除此之外，不同湖泊在不同季节存在水质特性差异，这会直接导致钙华沉积速率的改变，因此，不同的湖泊反射短波的能力也不尽相同。以上几个因素造就了景区内同一条沟不同湖泊，同一湖泊不同水域、不同季节的水色深浅程度出现差异。这便是九寨沟五彩池色彩斑斓的形成原因。

什么是钙华？

钙华是含碳酸氢钙的地热水接近和出露于地表时，因二氧化碳大量逸出而形成的碳酸钙沉淀物。

拥有"少女心"的湖泊

有的湖泊颜色深邃，有的湖泊颜色多变。而有这么一个湖泊，它的颜色是粉色的，它便是位于年降水量不到 40 毫米的巴丹吉林沙漠中的达格图湖。达格图湖是一个湖水呈粉红色的咸水湖，当地人称之为"红海子"，也称它为"沙漠中的红宝石"。

达格图湖呈现粉红色跟一种含有红色色素的卤虫大量生长有关。卤虫生活在盐沼中，能够忍耐高盐度，随着水体盐度的升高，卤虫体内的虾青素也不断增多，体色就会变成红色，从而使得整个湖泊呈现粉红色。

更有趣的是，达格图湖到了夏季湖水颜色会加深，这是因为夏季气温升高，蒸发加强，所以湖水的盐度升高，这更加有利于卤虫的生长，卤虫越多，湖泊颜色就越深。

△ 红海子

"湖水变色"现象对于盐湖来说并不罕见，但运城盐湖和世界其他盐湖相比最大的不同是，它是五颜六色的。运城盐湖盐田纵横交错，星罗棋布，在阳光的照射下，湖面波光粼粼，五光十色，形成一道美丽的奇观。这到底是为什么呢？运城盐湖呈现五颜六色的秘密在于四大因素：嗜盐微生物、藻类、浮游动物和矿物质。来自中条山地下水及地表水中的矿物质为盐湖营构了一个天然的生态温床，在这个温床之上，各种适应不同盐度的微生物在基

△ 运城盐湖

本没有天敌的情况下肆意生长。夏天是盐湖最美的时节，气温上升，湖水蒸发，盐度增高，嗜盐微生物、藻类、浮游动物大量繁殖，湖水的颜色就会变得更加鲜艳。研究人员还将从盐湖中分离获得的一些具有特殊颜色的嗜盐微生物进行培养，然后将它们投放到盐池当中，想让哪个盐池呈现哪种颜色，就投放能产生这种颜色的嗜盐微生物，在不破坏生态环境的前提下，增加盐湖的观赏价值。另外，嗜盐微生物、盐藻、卤虫的大量繁殖，也能吸引更多鸟类在此栖息。

沙漠中的黄宝石——硫磺湖

青海省俄博梁硫磺湖呈现黄色，是因为它位于雅丹地貌分布区，这里风化、风蚀等作用强烈，极端干旱，周边地貌中的硫磺、氯化物、氧化物等被分解并流入湖泊中，使湖水呈现黄色。

⋀ 硫磺湖

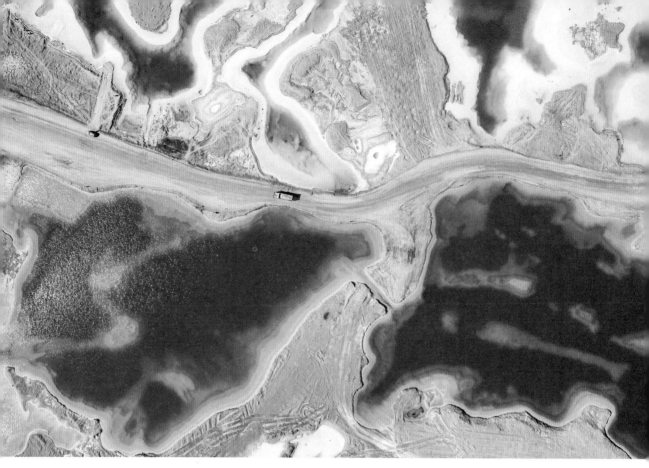

∧ 大柴旦翡翠湖

盐沼中的翡翠——大柴旦翡翠湖

  大柴旦翡翠湖湖水的成分主要是矿区资源开发后的卤化物和矿物质。因含钾、镁、锂等金属元素和卤化物，盐床或淡青、或翠绿抑或深蓝，所以被称为翡翠湖。

  湖泊颜色是当地自然地理环境的体现，是湖泊健康状态的反映，是地质过程演变的见证。湖泊以一种巧妙的方式传递着自己的信息，让更多的人发现它的魅力。

探索与实践

> 请拍下身边的湖泊，并说出该湖泊的颜色及其可能的成因。

第四节 华夏怀璧湖之最

中国地域辽阔，境内大大小小的湖泊众多——从东部沿海的坦荡平原到被誉为"世界屋脊"的青藏高原，从西南边陲的云贵高原到广袤无垠的东北平原，都有湖泊的分布。我们不妨纵览山河，找寻祖国大地上的"湖之最"。

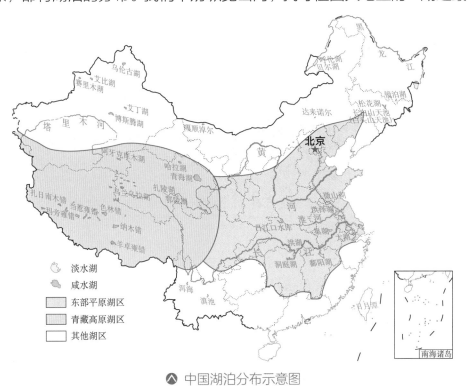

△ 中国湖泊分布示意图

中国最大的湖：青海湖

青海湖，古称"西海"，又称"仙海""鲜水海""卑禾羌海"，蒙古语为"库库诺尔"，意为"青色的湖"，北魏以后，始称"青海"。清朝时因湖水清澈碧蓝、湖面广袤如海故得名"青海湖"。青海湖是我国面积最大

△ 青海湖

的湖泊，湖面东西宽、南北窄，略呈椭圆形。东西最长106千米，南北最宽63千米，周长约360千米。湖面海拔3196米。湖水最深处26米，平均深度16米。湖水含氧量极低，浮游生物十分稀少。青海湖光照充足，日照强烈，冬寒夏凉，暖季短暂，冷季漫长，春季多大风和沙暴；雨量偏少，雨热同季，干湿季分明。

　　青海湖的形成和变迁是大自然的杰作。距今200万～20万年成湖初期，青海湖属于外流淡水湖，与黄河水系相通，至13万年前，由于新构造运动，湖周围山地隆起，在上新世末，湖东部日月山上升隆起，使原来注入黄河的倒淌河被堵塞，迫使它由东向西流入青海湖，出现了尕海、耳海，后又分离出海晏湖、沙岛湖等子湖。青海湖也成为一个闭塞湖。

中国最大的淡水湖：鄱阳湖

鄱阳湖位于江西省北部、长江南岸，是我国第一大淡水湖。鄱阳湖又名彭蠡泽、彭泽，其实它并不是古彭蠡泽，而是在南北朝时期才形成的。鄱阳湖是由长江迁移而形成的河成湖，它还是一个季节性变化巨大的吞吐型湖泊。每年春夏之交，湖水猛涨，水面迅速扩大，但见碧波万顷，浩淼无际，"秋水共长天一色"。但到了冬季，水位剧降，湖面骤然缩小，只见水束如带，黄茅白苇，旷如平野，只剩下一些小湖嵌入其中。鄱阳湖湖水主要依赖地表径流和大气降水补给，主要入湖河流有赣江、抚河、信江、饶河、修水等，出流经湖口，北注长江。由于鄱阳湖水量季节性变化大，冬春之季有大量滩地出露，滩地上生长着大量的水生动植物，它们是禽类佳饵。所以，每年冬季，大批珍禽会来到鄱阳湖越冬。国家也在此设立了保护区。每年冬季来这里观赏珍禽的游客络绎不绝。

△ 鄱阳湖

中国海拔最低的湖：艾丁湖

艾丁湖，以湖水晶莹洁白，似月光一般皎洁而得名。它位于新疆维吾尔自治区吐鲁番市高昌区，是吐鲁番盆地的最低处，也是中国陆地的最低点。其湖面比海平面低154.31米。艾丁湖不同于其他湖泊的地方是湖面上满目的盐壳。据考证，在两万年以前，艾丁湖曾经是一个相当大的湖泊。而现在，除西部还有很小的湖面外，整个湖区已经成为一片白色的盐田，湖中间是一片盐沼，下面是淤泥，这里没有飞鸟，人也很难走进去。

∧ 艾丁湖

探索与实践

查找你家乡所在省级行政区的"湖之最"，并尝试将它介绍给你的朋友和家人。

第三章
潋滟碧波湖之生

　　"鸿雁长飞光不度，鱼龙潜跃水成文。"
湖泊中生活着各种鱼虾、各类小型浮游动植物
和诸多水生植物，它们形成了完整的食物链，
是湖泊生态系统的重要组成部分，维持着湖泊
的生态平衡。湖泊蕴含着丰富的生物资源，连
同广阔的冲积平原，孕育了"鱼米之乡"。湖
泊也是野生动物的家园，各种鸟类在湖泊周围
筑巢繁衍，给湖泊增添了生机和活力。

第一节　葱蔚洇润湖之基

"葱蔚洇润"这个成语出自《红楼梦》第二回，用于形容草木苍翠润泽、生机勃勃，其中葱蔚表示草木生长茂盛，洇润指润泽、滋润。在自然界中，正是因为有茂盛的草木作为基础，生机勃勃的湖泊生态环境才得以构建。"唱歌江鸟没，吹笛岸花香""落霞与孤鹜齐飞，秋水共长天一色"，诗人笔下的湖泊是美的，湖泊的美，在于水的纯净、林的苍翠、草的茂盛、生命共同体的默契。

大鱼吃小鱼，小鱼吃小虾，小虾吃什么？

人们常听说一句话："大鱼吃小鱼，小鱼吃小虾。"那么小虾又吃什么呢？

虾的食物还是有很多的，但一般以浮游生物和水中的有机残渣为主，如果要喂养虾，可以给它吃细米糠、小的颗粒虾粮、水草等。同时，喂养虾的

︿ "大鱼吃小鱼，小鱼吃小虾"

水中还需要保持充足的氧气，而氧气可以依靠水草的光合作用获得。通过这样的描述，我们可以看出，水草对水生动物非常重要，它们不仅是水生动物基本的食物来源，还为水生动物提供呼吸必需的氧气。

亭亭净植的挺水植物

人们经常可以在湖泊中见到各种形态的水草，有"出淤泥而不染，濯清涟而不妖"的荷花，有"蒹葭苍苍，白露为霜"的芦苇，有"参差荇菜，左右流之"的荇菜，它们在湖泊中又是怎样的存在呢？

周敦颐的《爱莲说》特别恰当地描绘了挺水植物的特征：中通外直，不蔓不枝，香远益清，亭亭净植……

在中国各大淡水湖中，有两种典型的挺水植物——荷和芦苇，每年夏天，"小荷才露尖尖角，早有蜻蜓立上头"的景色随处可见；而到了秋天，湖畔的芦苇又进入开花季节，"芦花深处小舟横，长占烟波兴不穷"的景色让人流连忘返。

湖里的挺水植物一般生长在近湖岸浅水区，根长在湖泊的底泥之中，茎、叶挺出水面；其伸出水面的部分具有陆生植物的特征，而长在水中的部分（根或地下茎）则具有水生植物的特征。人们平时所熟悉的荸荠、水芹、茭白、香蒲等也都属于挺水植物。

▲ 挺水植物

挺水植物通常有发达的通气组织，可以吸附杂质，在净化水质方面起到重要的作用。锡伯族特有的双管单簧竖吹乐器——苇笛，就是利用了芦苇的这个结构特点而制作的。挺水植物的根牢牢扎在近湖岸的底泥中，可以很好地固坡护堤，而出露于湖面的部分与水中倒影相映成趣，则形成了湖泊最亮丽的风景。此外，茂密的挺水植物也给动物们提供了隐蔽而安全的栖息之所。

∧ 苇笛

东飘西荡的浮水植物

每到夏天，"一城山色半城湖"的大明湖有很多盛开的莲花，因而大明湖又被称为"莲子湖"。当湖中的王莲盛开，在巨大的莲叶衬托下，莲花显得更加洁白无瑕、优雅动人。

王莲和睡莲都属于浮水植物。浮水植物又称浮叶植物，它们大多生长于浅水中，根扎入水下底泥中，只是叶片浮于水面。但有的浮水植物的根较短，长不到底泥中去，所以它们能随水自由漂浮，如浮萍、凤眼莲等。因而有了这样的诗句"泛泛江汉萍，飘荡永无根""身世浮沉雨打萍"，诗人自比浮

∧ 浮水植物

萍，将漂泊无依的孤独感描写到极致。也因为浮萍的这个特点，我们才能见到"小娃撑小艇，偷采白莲回。不解藏踪迹，浮萍一道开"这般有趣的画面。

浮水植物的气孔通常分布于叶的上表面，叶的下表面没有或极少有气孔，叶面上通常还有蜡质层。浮水植物的腔道形成连续的空气通道系统，通过这个系统，水下的沉水器官可利用浮水器官的气孔与大气进行气体交换，免除因沉水而造成缺氧。常见的浮水植物有王莲、睡莲、芡实、菱、浮萍、水葫芦等。很多浮水植物都有着美化景观、提供食物、净化水质的作用。

"小娃撑小艇，偷采白莲回。不解藏踪迹，浮萍一道开。"

水葫芦于 20 世纪初被引入中国，凭借姣好的外观与较强的观赏价值，深受人们的喜爱。后来，人们发现水葫芦可以广泛用作动物饲料，还有去除污水和污泥中的重金属、净化湖水水质的作用，因此将水葫芦在中国南方大力推广。但由于水葫芦的繁殖能力太强，会抑制其他浮游生物的生长，容易破坏湖泊的生态环境。如不及时清理，它还会腐烂，对水质造成不良的影响。因此，人们对它"又爱又恨"。如今人们在种植水葫芦时需要多方考量了。

载沉载浮的沉水植物

因"大闸蟹"而闻名全国的阳澄湖是典型的浅水湖泊，它既是苏州的饮用水源地，也是苏州的城市名片。

随着工业发展和人口增长，流域内大量污水排入湖中，加上过度的围湖养殖，阳澄湖的水生植被遭到一定的破坏。为改善这一情况，苏州市政府启动了阳澄湖水生植被修复试点项目，在阳澄湖生态退化水域建造了 3000 亩（1 亩 ≈ 667 平方米）"水下森林"，即撒播繁殖体库或移植水生植物，如种植苦草、黑藻、黄丝草、穗花狐尾藻等 8 种阳澄湖原生沉水植被群落。

沉水植物是指植物体全部位于水面之下，营固着生存的大型水生植物。它们的根有时不发达或退化，因此它们在水中呈现"载沉载浮"的样子。沉水植物的各部分都可吸收水分和养料，通气组织特别发达，能在水中缺乏空气的情况下进行气体交换。这类植物的叶子大多为带状或丝状，如苦草、金鱼藻、狐尾藻、黑藻等。沉水植物还能够有效吸附水中的悬浮颗粒。

⋀ 沉水植物

探索与实践

请你观察周围的湖泊，分别找出几种挺水植物、浮水植物和沉水植物。

第二节　飞鸟游鱼湖之灵

"晚风吹雨，战新荷、声乱明珠苍璧……飞鸟翻空，游鱼吹浪，惯趁笙歌席……"出自宋代辛弃疾的《念奴娇·西湖和人韵》，它描写了杭州西湖夏日雨打新荷、鱼鸟追逐游船的场景，展现了人与自然和谐相处的祥和景象。

湖泊造就了沙鸥翔集、锦鳞游泳的自然生态，飞鸟与游鱼又给湖泊增添了灵气，正如宋朝诗人赵希迈在《白鹭》中写道的"漠漠江湖自在飞，一身到处占渔矶"，诗句将湖中飞鸟与游鱼的灵动描写得淋漓尽致，正是有了这些灵动之物，平静的湖有了灵气。

相通的湖水，鱼为何不相往来？

抚仙湖是珠江源头第一大湖，是我国水质最好的天然湖泊之一。抚仙湖不是一个简单的湖，它拥有悠久的历史和众多美丽的传说。抚仙湖的得名有一个神话传说，相传玉帝派出两位仙人到人间巡查，两人被抚仙湖美景所吸引，忘了返回天庭，最终变成了立在湖边、并肩搭手的两块巨石，因此这个湖就有了一个带着仙气的名字"抚仙湖"。抚仙湖连着星云湖，中间有水道相通，河边有一块石碑，称"界鱼石"。据说，星云湖的大头鱼和抚仙湖的抗浪鱼到此便各自调头而返，因此人们在此处立了一块石碑，并将其命名为"界鱼石"。究竟是什么原因让两湖的鱼"不相往来"呢？

人们对两个湖的自然环境深入研究后发现，其实两个湖的自然环境有着显著的差别。抚仙

∧ 抚仙湖和星云湖

湖湖水很深，最深达 150 多米；星云湖则恰恰相反，是个浅水湖泊，平均水深只有 5 米多。抚仙湖水深浪大，湖中水草及底栖生物如螺蛳、蚌、虾等很少，是个"缺吃少穿"的湖泊，抗浪鱼却能在这种环境中生存。而星云湖则水浅草茂、浮游生物丰富。在营养丰富的星云湖里养尊处优的大头鱼，自然对水深浪大、水草稀少的抚仙湖避而远之。而抗浪鱼也不喜欢水浅浪平的星云湖。所以，正是生态环境的不同导致两种鱼"不相往来"。

▶ 星云湖

▽ 抚仙湖

飞鸟为何依湖而生？

说到鹤，那便不得不提自带仙气和灵性的白鹤，白鹤属于涉禽，因为站立时通体呈白色而得名。

知识速递

涉禽是指那些适应在沼泽和水边生活的鸟类，主要外貌特征是"三长"——嘴长，颈长，脚长。它们适于涉水行走，不适合游泳。休息时常一只脚站立，大部分是从水底、污泥中或地面获得食物。鹭类、鹳类、鹤类等都属于涉禽。

白鹤对栖息地的要求很高，它们会选择在水草丰茂、鱼虫充足、气候温和、自然环境优良的地方栖息。在中国四大名山之一的庐山脚下，有一片浩浩荡荡、一望无际的水泊，它就是中国第一大淡水湖——鄱阳湖，它是世界上有名的白鹤栖息地。

白鹤原有东、中、西三条迁徙路线。在鄱阳湖越冬的白鹤从西伯利亚

︿ 白鹤

︿ 鄱阳湖

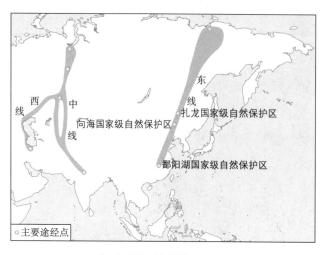

△ 白鹤迁徙路线示意图

东北部的繁殖地开始南飞，途经俄罗斯和中国北方，来到鄱阳湖，大体沿着东部路线迁徙。中部和西部迁徙路线是从西伯利亚西部繁殖地开始，穿过俄罗斯后分为两条。不幸的是，中、西部两条迁徙路线已经近于丧失。鄱阳湖良好的湿地生态系统为白鹤提供了适宜的栖息环境和丰富的食物供给。"鄱湖鸟，知多少？飞时遮尽云和日，落时不见湖边草"描绘出大量候鸟在鄱阳湖区安然越冬的情景。

相比于其他生物，鸟类可以轻松地在不同的湖泊间来回迁移，原来的栖息地不合适生存的时候，鸟类会到新的地方去。这种迁移可能是季节性的短暂迁移，也可能是长期的。不光是鄱阳湖，中国还有多个湖泊是鸟类重要的栖息场所，越来越多的飞鸟选择在中国的湖泊栖息，也让这些湖泊更具灵气。

鱼儿何以在湖中如此灵活地游动？

鱼类是湖泊生态系统的重要组成部分，也是重要的自然资源，渔业是很多湖泊流域的重要产业。鱼的种类和数量是直接影响湖泊生态系统的重要因素，除了野生的一些鱼类，一般人们还会在湖泊中放养一些不同生活习性的鱼类，或者选择性捕捞一些鱼类，通过这些方法来调整鱼类对于湖泊生态系统的影响。

我国湖泊放养鱼类及其生活水层分布大致如下：

第一类	滤食类（如鲢鱼、鳙鱼），位于中上层
第二类	草食类（如草鱼），位于中下层
第三类	杂食类（如鲤鱼），位于底层

拓展阅读 ▶ **冷水鱼生产基地——赛里木湖**

　　新疆博乐市境内有一个著名的湖泊——赛里木湖。赛里木湖蒙古语称"赛里木淖尔"，意为"山脊梁上的湖"，湖面海拔 2073 米，面积约 458 平方千米，东西长 29.6 千米，南北宽 25.7 千米，湖水清澈，透明度达 10～12 米，是新疆海拔最高、面积最大的高山湖泊。赛里木湖周边有高山、冰川、森林、草原等自然景观，集奇、幽、秀、旷诸美于一身，自古以来就是游牧民族放牧射猎、繁衍生息的乐园。

　　据了解，赛里木湖原本没有鱼，1998 年人们从俄罗斯引进高白鲑、凹目白鲑等冷水鱼进行养殖，并于 2000 年首次捕捞成品鱼，结束了赛里木湖不产鱼的历史。目前经过 20 多年的发展，赛里木湖已成为新疆重要的冷水鱼生产基地。

灵动的底栖动物何以成为湖泊中的"明星"？

　　湖泊中的虾、蟹、螺等底栖动物一般多生存于湖泊浅水区，这里含氧量高，有很多可供它们食用的水生植物及其他有机物，而且水生植物是底栖动物良好的栖息和隐蔽场所。

底栖动物在物质和能量循环中起着承上启下的作用，是重要的碎屑分解者，能够加快湖泊中腐烂植物和动物尸体的分解，还可以通过捕食、钻穴、建巢等活动在一定程度上改变环境，从而对生态系统产生影响。

另外，底栖动物是湖泊环境的重要监测指标。第一，大多数的底栖动物肉眼可见，便于分类辨别；第二，它们活动范围相对固定，一般不做大尺度迁移，因而采样相对容易、物种鉴定相对简单；第三，底栖动物一般具有较长的生命周期；第四，不同物种对水质状况的响应程度差异很大；第五，底栖生物能迅速反映中长期水质变化和污染累积的程度与影响。正因为如此，底栖动物是目前国际上在湖泊水质评价中应用最广泛的类群之一。

知识速递

底栖动物是指一生全部或者大部分时间都生活于水域底部的水生动物，主要包括环节动物、软体动物、甲壳动物和水生昆虫等，如水蚯蚓、螺、蚌、河蚬、虾、蟹和水蛭等。

不论是在湖面上展翅飞翔的飞鸟，还是在湖中游来游去的鱼，抑或在湖底栖息的底栖生物，都是湖泊生态系统中的一分子，它们共同维护着湖泊生态系统的平衡。

探索与实践　设计一个展示湖泊食物链的展板，想一想：食物链上应该包含哪些动物？这些动物在湖泊生态系统中起到了什么作用？

第三节　微生物种湖之驱

人们对微生物并不陌生，它虽然很难被肉眼所看见，但却广泛存在于水体、空气、土壤等自然环境中。它能让葡萄变为回味甘甜的美酒，也能让食物变质，可谓"成也萧何败也萧何"。

湖泊微生物

中国的湖泊在形态、分布区域、环境异质性、化学组成等方面具有多样性，比如湖水的海拔高度、盐度、酸碱性……这些不同的湖泊环境中生存着不同的微生物组成。

湖泊中的微生物来源主要有以下几种。一是水中固有的微生物，如荧光杆菌、铁细菌等。二是雨水对地表的冲刷，将土壤中的微生物带入水体，如枯草芽孢杆菌、巨大芽孢杆菌、氨化细菌、硝化细菌、霉菌等。三是各种工业废水、生活污水和牲畜的排泄物夹带各种微生物进入水体，如大肠杆菌、霍乱弧菌、伤寒杆菌、病毒等。四是来自空气中的微生物，雨雪降落时会把空气中的微生物带入水体；另外，空气中尘埃的沉降，也会直接把空气中的

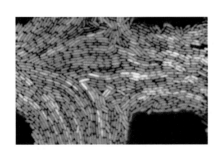
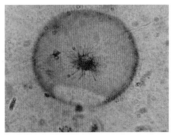

⚠ 荧光杆菌　　　　⚠ 铁细菌　　　　⚠ 枯草芽孢杆菌

微生物带入水体。

如此多的微生物汇集到湖泊水体和沉积物中，它们与周围环境、湖泊中其他生物发生着复杂的相互作用，在湖泊生态系统的物质循环和生态调节中发挥着不可替代的作用。

微生物也能给地球"降温"吗？

当前，地球正受到温室气体的困扰而持续"发烧"，而降低大气中二氧化碳的浓度便能为地球"降温"。人们熟知的能吸收二氧化碳的生物是绿色植物，其实，在湖泊微生物的群体中，光合细菌在光照下，可利用二氧化碳、硫化氢等来进行光合作用，并在产生有机物的同时产生单质硫，但不释放氧气。

光合细菌是以光为能源，以二氧化碳或有机物为碳源，以硫化氢等为供氢体，进行自养或异养的一类原核微生物的总称，广泛分布于自然界的土壤、水田、沼泽、湖泊和江海等处，具有固氮、产氢、固碳和脱硫等多种生理生化功能，在自然界的物质循环中起着非常重要的作用。光合细菌适宜生长在15℃—40℃的环境中，有半环状、杆状、球状、螺旋状等多种形态。光合细菌虽不含叶绿体，但含有类似叶绿体的结构，在此结构中有叶绿素、菌绿素、辅助色素类胡萝卜素和藻胆素等细菌光合色素，这些色素是光合细菌进行光合作用的物质基础。

光合细菌不但参与固碳，在固氮方面也功不可没。它可以降解水体中鱼类的粪便及其他有机物残骸，吸收并利用水体中的氨、亚硝酸盐等有害物质，起到净化水质的作用。

光合细菌能有效利用水中过剩的有机物，并且可以分解水中的氨氮、硫化氢等有害物质，间接增加溶解氧含量，稳定水质，为水生生物生长发育提供一个较理想环境。水产养殖过程中，如果发现水质参数超标，可以使用光合细菌来调节水质。水体中施入光合细菌，可促进有益藻类的繁殖生长，维持藻相平衡，防止有害藻类过度繁殖。真是小小微生物，本事却很多！

微生物的不利影响

在一般情况下，受营养条件的限制，水体中的藻类等浮游生物过度繁殖会导致水环境恶化。然而，当水体受到污染的时候，营养物质的增加可导致藻类的过度繁殖，进而导致微生物种群随之发生变化。随着湖泊污染的加剧和富营养化日趋严重，湖泊的水体及沉积物中富集了大量的有机物及氮、硫物质，这些物质在微生物分解作用下极易造成环境缺氧，进而可能导致水体发黑发臭，造成重大水环境问题。微生物是造成水体黑臭现象的重要因素。

在南方，水华一般发生在每年的 5 ~ 10 月，藻类生长的温度和其他条件在这个阶段都达到了合适的水平。5 月前后，底泥中的微生物活性增强，容易引起底泥中氮、磷等营养元素的快速释放，进而引起藻类的快速繁殖。2007 年太湖发生的蓝藻污染事件，致使 200 万人的生活用水受到了影响。

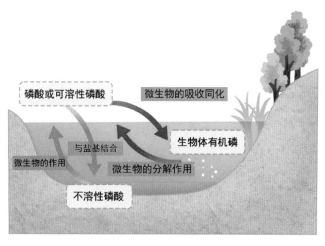

▲ 微生物在湖泊磷循环中的作用

水华又称藻华，是水体中氮、磷含量过高导致藻类突然过度增殖的一种自然现象。可能引发水华的藻类有蓝藻、绿藻、硅藻等。水华发生时，水体通常呈现绿色或蓝色。

　　目前，大量的湖泊微生物还没有被人们所了解。微生物虽然形体微小，但是在整个湖泊生态系统中占据着重要的地位，是动植物遗体的主要分解者，在碳、氮循环中也扮演着重要的角色。未来应该会有更多的科研手段帮助我们了解它们，让它们在湖泊生态系统中发挥更大的作用。

第四节　行流散徙湖之态

"行流散徙"出自《庄子·天运》，意思是像云行水流似的分散迁徙，指万物随自然规律而变化。自然界为万物提供了生存的基础,被喻为自然界"掌上明珠"的湖泊,蕴藏着丰富的淡水资源、生物资源等。中国湖泊分布广泛,大致可分为五大湖区,即东部湖区、东北湖区、蒙新湖区、青藏高原湖区和云贵湖区。在东部季风区,特别是长江中下游地区,分布着我国最大的淡水湖群。而在西部,以青藏高原湖泊较为集中,多为内陆咸水湖。

无论淡水湖还是咸水湖,健康的湖泊生态是湖泊在大地上永续存在、造福人类、发挥生态功能的基础。湖泊的生态功能既包括调蓄洪水、调节局地气候,也体现在为动物提供栖息地、为人类提供饮水和食物等方面。

湖泊如何成为调蓄洪水的"先锋队"？

湖泊及其周围的湿地就像一个巨大的"水盆",时刻充当着阻滞洪水的先锋的作用。我国第一大淡水湖——鄱阳湖,在枯水期和丰水期水位落差近10米,湖水水位的变化造就了广阔的鄱阳湖湿地,它像一个巨型的水库,在蓄水、排水方面具有至关重要的作用,因此调蓄洪水是鄱阳湖最重要的生态功能。鄱阳湖湿地本身具有巨大的蓄水能力,另外,湿地土壤能将一部分水以土壤水的形式存储下来,从而减少了地面径流,湿地植被也能够截流一部分洪水并减缓其流速,避免大量洪水在同一时间到达河流下游,从而起到调蓄洪峰的作用。

随着经济的发展,受到如围湖造田、填湖造陆等人类活动的影响,湖泊泥沙淤积严重,调蓄洪峰的能力下降,这就像"水盆"底部沉积了大量泥沙，自然会减少盛水量。一旦出现强降雨，湖区很容易出现内涝，需要进行排水排渍。而遇到降雨减少时，湖区水量存储不足，又不能发挥抗旱的作用。

如何让湖泊持续发挥调蓄作用呢？措施主要有减少泥沙入湖，积极在湖泊流域植树造林，防止水土流失加剧湖泊的淤积，对湖泊进行全面清淤等。这样，湖泊的调蓄能力就会大幅度提高。

湖泊如何让高原地区不再那么"高冷"？

青海湖是我国最大的内陆高原湖泊，位于青藏高原区。青海湖的地理位置及周边的交通状况并不优越，但这里每年却吸引着上百万人前来旅游。

青藏高原海拔高、气温低、昼夜温差大，冬季寒冷漫长，夏季凉爽短暂。青海湖地处高寒地区，但湖区周围要比其他地方温暖一点，这都得益于青海湖强大的局地气候调节能力。因而，青海湖虽地处青藏高原，但并未让它因此变得那么"高冷"，青海湖地区鸟类的种类相对周边其他区域也更丰富。

青海湖目前是中国境内夏候鸟繁殖数量最多、种群最为集中的繁殖地，

∧ 青海湖鸟岛

每年在此集中繁殖的棕头鸥、鱼鸥、斑头雁、鸬鹚四种大型水鸟的数量约 6 万只。青海湖还是水禽的重要越冬地，国家一级保护动物黑颈鹤每年就在此繁殖。普氏原羚是世界濒危物种、国家一级保护动物，现主要分布于青海湖周围。这些独特的自然景观也让青海湖成为热门旅游景点。

湖泊植物"吃""脏东西"吗？

当前，中国的很多湖泊出现了不同程度的富营养化问题，富营养化主要体现在湖泊水体中氮、磷等植物所需营养物质含量超标，这些过剩的营养物质对于湖泊来说已经不堪负荷，成了"脏东西"。如何去除这些"脏东西"呢？湖泊自有它的生存智慧。

素有"华北明珠"之称的白洋淀，种植了大面积的挺水植物——芦苇。这些芦苇给游人以美的享受，而湖泊本身也因为芦苇的存在而受益无穷。芦苇茎部有很多空腔，不仅增加了水中溶解氧的浓度，还增强了植物根部及底泥中微生物的活力。水中溶解氧浓度升高，可促进植物根系对营养盐的吸收，从而降低湖泊富营养化的水平。

︿ 水中芦苇

除了芦苇，湖泊中常见的沉水植物苦草也是白洋淀的"土著"，它不但具有一定的观赏价值，而且有较强的去污能力。它能增强底泥对氨氮的滞留能力，从而达到水质净化的目的。

另外水生植物能有效地固定一些有害物质，从而起到净化水域的作用。由此可见，湖泊中水生植物不仅让湖泊生机勃勃，还能净化水质，让湖泊既有"面子"也有"里子"。

湖泊如何成了珍稀动植物的天堂？

中国第二大淡水湖——洞庭湖为动植物的生存繁衍提供了良好的生态环境，特别是周边肥沃的滩涂湿地为候鸟的繁衍和迁徙提供了良好的栖息地，是重要的生物多样性保护区。根据科学考察，东洞庭湖有鱼类 12 目 23 科 117 种，其中有国家一级保护鱼类中华鲟、白鲟和二级保护鱼类鳗鲡等；有鸟类 13 目 50 科 306 种，其中有国家一级保护动物白鹤、白头鹤、白鹳、黑鹳、大鸨、中华秋沙鸭、白尾海雕和二级保护动物小天鹅、鸳鸯、白枕鹤等；有两栖类、腹足类、软体类、瓣鳃类等动物，其中包括国家一级保护动物白鱀豚。

洞庭湖丰富的自然资源引起了全世界的普遍关注和重视，它被誉为"长江中游的明珠"。更为重要的是，洞庭湖不仅具有巨大的自然资源潜力，还具有巨大的生态功能和效益，在调节径流、蓄洪防旱、调节气候、净化环境、保护生态多样性等方面都有着不可替代的作用，对长江中下游的水安全、生态安全具有极其重要的意义。

探索与实践

观鸟是青少年走进自然、亲近自然的活动。对湖泊水鸟的种类和数量进行长期监测，对研究湖泊生态系统的变化有重要作用。请你调查家乡湖泊或水库鸟类的数量及种类，并进行记录。

第四章
源源不绝湖之用

　　玉碗深沈，湖泊水资源丰富，为生产生活提供基础用水；珠翠之珍，湖泊物产多样，造就了独特的饮食文化；碧波千里，湖泊河流交织，连接了千百年来重要的水上通道；各得其养，改善生态环境，为湖泊可持续发展助力。

第一节　玉碗深沈湖之水

唐代诗人韩偓在《洞庭玩月》中很好地描写了洞庭湖的浩瀚："洞庭湖上清秋月，月皎湖宽万顷霜。玉碗深沈潭底白，金杯细碎浪头光。寒惊乌鹊离巢噪，冷射蛟螭换窟藏。更忆瑶台逢此夜，水晶宫殿挹琼浆。"

湖泊是气候变化的风向标？

众所周知，气温、降水是我们衡量气候变化的重要指标，而湖泊在一定程度上也可以是气候变化的风向标。那它是如何发挥风向标功能的呢？让我们一起来看看素有"地球第三极"之称的青藏高原。蓝天、白云、雪山、草地、湖泊构成青藏高原独特的美丽风光。在丰富的地貌景观中，星罗棋布的湖泊如一颗颗明珠镶嵌在广袤的大地上，形成了别具特色的自然地理景观。据统计，青藏高原上面积大于 1 平方千米的湖泊有 1400 多个，这里是地球上海拔最高、数量最多、面积最大的高原湖群区之一。

青藏高原内陆湖的分布范围广，降水、冰雪融水和冻融水是湖泊主要的补给来源。据相关研究，1970 年至 2010 年间，高原新出现了一些湖泊，有些高原湖泊的面积出现了增加或减小，而湖泊面积变化与湖泊的补给模式有关，既有以冰川融水补给为主的湖泊，也有以河流、地下水补给为主的湖泊。而冰川、河流、地下水的水量都与当地气候有着密切的关系。因而，湖泊也被认为是气候变化的风向标。

天然"调蓄小能手"是如何工作的?

湖泊是重要的水资源存储地,也是"调蓄水源小能手"。它们除了能拦蓄上游来水,减轻下游防洪的压力,还可分蓄江河洪水,降低河段的洪峰流量,滞缓洪峰发生的时间,发挥调蓄作用。

以洞庭湖为例,洞庭湖是我国第二大淡水湖。包括西、南、东洞庭湖几个较大的湖区,湖体近似"U"形。洞庭湖区地跨湖南、湖北两省,北连长江,南纳湘江、资水、沅江、澧水等河流,也接纳湖区周边河流的来水来沙,流入的水经湖泊调蓄后,再从东面流入长江。洞庭湖湖区内水系纵横交错,是长江进入中下游平原后,与干流并联的吞吐型大湖。它贮水量很大,可显著削减和滞后河川汛期入湖洪峰量,起到调节河川径流的功能。

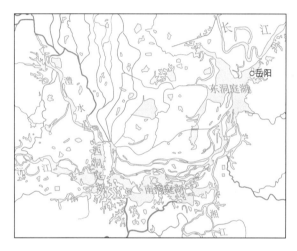

∧ 洞庭湖示意图

村子别怕,我来保护你!

洞庭湖调蓄容量巨大，调洪作用十分明显。当周围江河暴发洪水时，洞庭湖可暂时蓄纳入湖洪峰水量，尔后缓慢泄出，从而减轻湖区水系的洪水威胁。1954 年长江特大洪水期间，洞庭湖发挥削减洪峰的作用，滞后洪峰 3 日，大大减轻了长江的洪水压力。

湖泊灌溉蕴含了哪些大智慧？

我国是农业大国，粮食生产离不开水的灌溉。我国有效灌溉面积由 1949 年的 2.4 亿亩（1 亩 ≈ 667 平方米）发展到 2021 年的 10.37 亿亩（1 亩 ≈ 667 平方米），在仅占全国耕地面积约 50% 的灌溉面积上生产了全国总量 75% 的粮食和 90% 以上的经济作物。不仅如此，我国还是世界上灌溉工程遗产类型最丰富、分布最广泛，灌溉效益最突出的国家。"一湖两河三堤，山水遂人意"，江苏里运河–高邮灌区充分展现了人与自然和谐相处的灌溉模式。它巧妙地利用了河湖水系，通过合理调控河流湖泊来进行灌溉。这是传统与现代的结合，是千百年湖泊灌溉技术的传承与创新，承载了中国人民千百年来治水用水的智慧。

"里运河–高邮灌区"位于江苏省的高邮湖东侧，从古至今都是我国十分重要的农业区。里运河介于长江与淮河之间，其前身是开凿于春秋末期的邗沟。明代以前，处于运河西边的湖泊各自独立，人们便利用这些湖泊开凿运道，使之相连。明朝廷接受"宝应老人"柏丛桂提出的"必有重堤，左右翼夹，与湖隔离，运道乃安"的治河主张，在湖堤之东又筑一堤（即河堤），这样在原有湖堤与河堤之间便形成河道，船只由以往的湖中航行改为河中航行。后期在修筑运道的同时，古人也在适当的地方修筑了闸门等水利设施，通过闸、洞、关、坝等设施，连通高邮湖、里运河和高邮灌区，这样便兼顾了灌溉和漕运两大功能。时至今日，仍有不少代表性的水洞、水闸、水坝在发挥作用，为高邮境内农业灌溉排水做出了巨大贡献。现在，运河水仍通过水闸自流进入灌区，日夜流淌，滋养农田。"世界灌溉工程遗产"是国际灌溉排水委员会从 2014 年开始评选的世界遗产项目，着眼于保护和利用在用的古代灌溉工程，挖掘和宣传灌溉工程发展史及其对世界文明进程的影响，学习传承古人可持续灌溉的智慧，保护珍贵的历史文化遗产。截至 2023 年 11 月，中国的世界灌溉工程遗产已达 34 项，江苏省已有里运河-高邮灌区、兴化垛田灌排工程体系、洪泽古灌区三个灌溉工程入选世界灌溉工程遗产名录。沿用成百上千年的灌溉工程遗产，不仅承载了中华民族的治水哲学，更成就了江苏这一富庶的"鱼米之乡"。

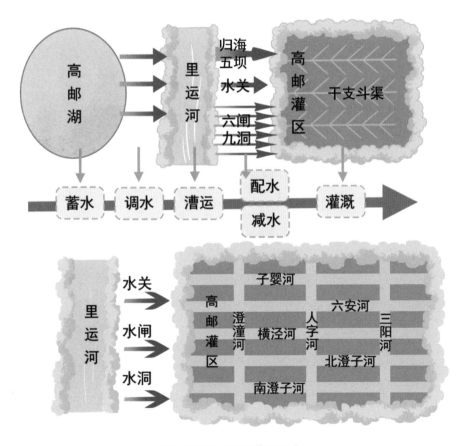

▲ 里运河-高邮灌区示意

湖泊水可以喝吗?

不少人在走进超市购买瓶装水时,会阅读其包装上的标识和信息,以此了解水的类型、配料、生产日期、特征性指标及产地等。通过阅读,我们发现很多瓶装水来自我国的大型湖泊。

湖泊是我国城市集中式饮用水水源地的重要组成部分之一。据调查,2005 年松花江流域内服务人口约 1390 万的 48 个主要饮用水水源地中有 17 个为湖库型,占比约 35.4%。在最近公布的江苏省 89 个集中式饮用水水源地中湖库型水源地有 22 个,占比约 24.7%。许多湖泊,如太湖、巢湖、洪泽湖、千岛湖等都承担着向周边地区供水的任务。

通过观察水的标识可知,长白山是高频水源地之一。位于长白山顶峰的长白山天池是中国最深的湖泊,这个湖泊没有河水补给,每年却有大量的水源供人们使用。长白山天池的水量来源大体有以下几个方面:一是高山积雪融水,天池海拔高,每年周围山地都有一定的积雪融水,补给天池水量;二是大气降水,长白山地区受到夏季风的影响,地形雨较多,每年的降水都比较丰富;三是地下水,有学者认为其大部分水可能来自地下水的深循环,源头最有可能来自青藏高原。

第二节　珠翠之珍湖之味

三国时期文学家曹植在《七启》中假托"镜机子""玄微子"两个角色谈论饮食之妙时，以"珠翠之珍"来描述水陆所产的美味食物。中国众多如珍碧翠的湖泊出产许多美味，是我们重要的食物来源。

湖之味为何味？

中国湖泊出产的美味食物可谓琳琅满目，极大地丰富和满足了中国人的味蕾：查干湖胖头鱼肉质鲜美，阳澄湖大闸蟹膏满黄肥，洞庭湖银鱼无鳞无

⋀ 渔民在湖中捕鱼

刺、营养丰富……众多湖泊出产的食物带给人们别样的美妙滋味。

事实上，湖泊中出产的所有美味都属于生物资源，所有生物资源的存在又依赖于不同生物所处的多样化的生态系统，中国的众多湖泊恰恰就是一个多样化的生态系统。正因为中国的每一个湖都是具有自身独特性的生态系统，所以有了这许多各具特色的美味。

中国广阔的湖泊水域给予了种类繁多的水生生物不同的生长空间，良好的湖泊生态系统为其中的各类生物提供了适宜的盐度、温度和丰富的矿物质等，因而不同类别的生物都能各得其所，尽情生长。故而"湖之味"又是湖泊中各种生物在良好生态系统中生长的"滋味"。

湖之美味何处来——直接捕捞还是养殖？

从湖中获取水产对我们来说非常重要。为了满足人们对水产的需求，我国一直在大力发展湖泊渔业。我国湖泊渔业主要存在于东部地区，这里的大多数湖泊是河流补给型。中国的湖泊渔业经历了一个相当长的发展过程，从 20 世纪 60 年代之前的野生资源捕捞，到 20 世纪 60 至 80 年代中期的鱼类资源管理，再到 80 年代中期以来的集约养殖。随着人们对环境保护和食品安全的认识不断提高，水产养殖方式和湖泊的可持续性发展越来越得到重视。

从历史上看，野生捕捞渔业一直主导着中国的湖泊渔业。随着人口的增加，湖泊本身的生物资源减少，与此同时，人们对生活质量的要求不断提高，对湖中产出水产品的数量和质量要求不断提高，传统的直接捕捞方式就无法适应时代要求了。1958 年，科学家先后攻克了青鱼、草鱼、鲢鱼、鳙鱼"四大家鱼"的人工繁殖技术，中国的渔业向产出稳定可靠的"农耕型"转变，像农作物从播种到耕作再到收获一样，鱼苗投放进固定水域，养育成熟后就可以收获。

在 20 世纪 80 年代中期以前，多是"人放天养"，
即在湖泊中投放由人工繁殖的鱼苗或经人工培
育后的天然鱼苗，期望鱼苗在湖泊中自然生
长。当时，这种"人工增殖放流"的方式在
太湖、洞庭湖等地起到了一定的增产效果。
随后，为了进一步增加鱼的产量，以满足日
益增长的需求，中国各大湖泊又逐渐兴起了
俗称"三网"的网箱、网围和网栏养殖方式。

∧ 捕鱼

　　"三网"养殖方式充分利用了湖面开阔的水域
资源，这里水流通畅、水质好、水中溶解氧充足、水草等
鱼类的食物丰富，因而这种养殖方式也被认为更加高产、高效和节能。从
20 世纪 80 年代中期开始，随着政府提出的"以养为主"发展方针，养殖
成为湖泊渔业发展的主要方式。从这一时期开始，淡水渔业产量的增加主要

∧ 网箱养殖

来自淡水池塘水产养殖业。

1990 年，我国水产养殖产量首次超过捕捞产量，成为世界上唯一水产养殖产量超过捕捞产量的国家。此后，江苏、浙江等地一边保持小部分传统的捕捞，一边继续实施湖泊"人工放养鱼苗增殖保护"方案，同时深入发展"三网"养殖技术，充分利用小水面精养的成熟养殖技术，提高湖泊渔业的生产效率，突破了传统渔业资源有限性的制约，使得湖泊的渔业产量大大提高。

总结起来，多年来我国湖泊渔业发展模式由"单一捕捞"向"以捕捞为主、捕捞养殖并举"转变，并逐步变迁为"以养殖为主、养殖捕捞并举"。

▲ 鱼塘景观

得了湖之美味，失了湖之美？

自 1983 年江苏长荡湖围网养殖技术试验成功后，洞庭湖、太湖、洪湖、巢湖、洪泽湖等各地渔民纷纷前来取经，效仿发展养殖业。其中，洪湖网围养殖户很快就发展到数千户。如此快速的养殖增长速度，给湖泊带来了严重的影响。水产品的产量翻了很多倍，但大量的饵料消耗引发了严重的问题。由于投放的人工饵料过多，湖水富营养化严重，水质下降。为了满足"三网"养殖的需求，每年还需从湖泊中大量集中捞取螺蚬，导致湖泊中螺蚬数量显著减少。过度养殖和过度捕捞造成的后果一样，使得天然湖泊中鱼群数量和鱼的种类大大减少。太湖为此曾经封闭湖泊养殖一段时期，也尝试转养鱼为养蟹，但围网养蟹依旧发展过快，还是导致了 2007 年蓝藻危机的暴发，著名美食"太湖三白"中的白虾和银鱼产量也急剧下降。"三网"养殖在这个阶段，既不能保湖之美味，也不能保湖之美。

湖之味如何延续？

眼看着湖之美味和湖之美受到严重影响，中国从 2015 年开启了湖库"三网"拆除行动，倒逼湖泊生态渔业转型升级，湖泊渔业开始由增产渔业向可持续渔业发展。

当年号称"中国围网养殖第一湖"的长荡湖，近几年又迎来了许多湖泊管理者前来取经。不过，这次大家是来学习怎样推进网围拆除工作的。保护湖水，让湖水中的"美味"能够在良好的生态环境中生长，此谓"保水渔业"。例如千岛湖，通过人工放养适量鲢鱼和鳙鱼，利用鲢鱼和鳙鱼滤食水体中的浮游生物，从而达到维护生态平衡、保护水环境的目的。再如洞庭湖，自 2020 年起，实施十年禁捕措施，以恢复湖中丰富的鱼群种类和数量。还有，查干湖采取了很多措施，比如连通了松花江、嫩江，以"活水"养好湖

△ 查干湖冬捕

水水质；夏季捕鱼时用大网眼的渔网，留下小鱼继续在湖中生长，保持鱼群数量；同时在湖畔设置了 60 多个鱼苗养殖场，秋季时投入鱼苗，冬季捕捞，延续湖之美味。

同时，为了保障渔业产量，中国正在湖边的滨湖圩区（湖边常常被水淹的地区）大力推进生态渔场建设，发展生态养殖渔业。例如长荡湖的生态养殖渔场里，蟹在池塘底"横行霸道"，鱼在水草间缓缓游动。渔场引进智能化水质管理和尾水处理系统，严格按照生态养殖要求，维持着湖水生态系统最好的状态，养殖螃蟹、甲鱼、鳜鱼等生物。

这样的措施在太湖、千岛湖、巢湖、阳澄湖、洪泽湖等中国各大湖泊都在实施，中国人珍爱着自己的湖泊，正以巨大的努力来恢复湖泊生态，而恢复了珠翠之色的湖泊也将能够持续为人们带来更多的湖之美味。

探索与实践　　探寻中国主要湖泊产出的著名"美味"，并制作一张湖泊美食图。

第三节 碧波千里湖之航

从古至今，水运都是非常重要的交通运输方式，湖泊作为重要的水体之一，两千多年来承载着来往的船只，支撑着物资和人员的流通。有些湖泊不仅有碧波荡漾的风景，更是繁忙重要的航道。

湖泊航运占几何？

人口稠密的长江中下游地区分布着中国最大的淡水湖泊群，有些湖泊在航运方面发挥着重要作用。太湖、洞庭湖、鄱阳湖、洪泽湖等湖泊水域面积广大，是重要的水运枢纽。太湖是中国第三大淡水湖泊，自古以来就水运繁忙，目前仍是江河湖海直达、干支流相连、四通八达的航运网络的重要一环。湖南省的航运则以洞庭湖为中心，构成了联通湘江、资水、沅江、澧水四条主干河流的航运网络。鄱阳湖是江西省水路通江达海的唯一出口，承担着全省水运的主力作用。作为江西省水路运输枢纽，鄱阳湖是省内航运最为繁忙的水域。洪泽湖不仅是淮河流域的航运枢纽，更是京杭大运河的通道，自隋唐以来就不断贡献着航运服务价值。

千百年来，这些重要的湖泊纳入周边诸水，连通着大小江河，伴随着周边城市的繁荣，成为重要的水上货运的"中转站"，起到了区域货运枢纽的重要作用。作为航运要津，湖泊联系水陆交通，承担着连接东西南北贸易通道的重要作用，促进了周边城镇的快速发展。

湖泊天然就是通畅的航道吗？

水路运输投资小、能耗低、运量大且运价较低，是货物运输的主要方式之一，对湖泊等水域周边城镇的经济发展和人民的生活起到举足轻重的作用。故而，千百年来，湖泊航运不断发展，以湖泊为中心枢纽的内河航运不断扩张。但天然的河湖构造并不都有利于航行，历朝历代的运输管理者都在不断用智慧和工程来保障航道畅通。

湖泊作为重要的通航水域和枢纽，一直受到人们的关注。河湖连通状况、水位季节变化都会影响其通航能力，故而修建水利枢纽，建设水闸，调节水位，才能保证航行顺利。湖泊如鄱阳湖、洞庭湖、太湖等的航道通畅，都与对湖泊的不断治理密切相关。从洪泽湖的航运发展相关历史可看到人工治理的重要性。

明、清时期，都城长期设在北京，物资保障均赖漕运，洪泽湖是连接南北通航的要道。但洪泽湖北部与黄河交汇之处的清口往往受泥沙困扰。为解决这一问题，明朝时期治河专家潘季驯提出"蓄清刷黄"的做法，将洪泽湖东边的高家堰筑高，使得淮河之水全都蓄积在洪泽湖内，抬高湖水水位，既

∧ 运河与古代城市的繁荣

而湖水都由清口流出，以应对黄河的水势，避免黄河水倒灌入湖。采取这些措施后，京杭运河也畅通了很多。洪泽湖与运河之间的关系简言之：湖因运河而生，运河因湖而畅。

中华人民共和国成立后，人们又实施了一系列建设举措，如淮河入江水道治理、张福河疏浚、三河船闸和高良涧复线船闸的修建等，这都进一步使洪泽湖枢纽地位得到提升，也使运河航运能力得到提升。

古代运河与现代南水北调如何利用湖泊保障通航？

京杭运河从北京通州至浙江杭州，沟通南北，自北往南依次连通了海河、黄河、淮河、长江、钱塘江五大水系，全长 1747 千米，航线中经大小湖泊 68 个。可以说，京杭运河的通畅也是这些湖泊"托"起来的。这些湖泊为京杭运河提供了宝贵的水源，是京杭运河安全通航的重要依靠。

⋀ 京杭运河

京杭运河历经数个朝代不断开挖疏浚而成，历代工程建设者每当接到"开河"任务，都为"傍湖"而绞尽脑汁。如元代的科学巨匠郭守敬，为重开大运河，先把白浮泉的水引到瓮山泊（即现在北京市西郊颐和园内的昆明湖），再向东南开通航道，才使得运河贯通。明朝时大运河在北京的会通河河段也时常断流，明朝工部尚书宋礼率领民夫在会通河沿线，依据地理形势，修筑堤坝水库，以 38 处水闸调节会通河的水量，保障了大运河的通畅。来自各地的商船大都通过大运河进入北京，甚至广州的商品也能出现在北京的市场上，明代北京成了全国商品的集散地。

天然的湖泊往往具有调蓄河流水量的作用，其自身水量有时候变化比较大，所以航道往往不在湖面上直接构建，而是依湖泊而修建。

∧ 京杭运河示意图

第四节　各得其养湖之承

人们的生活、生产离不开对湖泊资源的开发和利用，而我们对湖泊资源的开发利用不能超过其承载力。

中国湖泊周边区域富足吗？

在中国长江中下游地带，宁静美丽的湖泊星罗棋布，提供着源源不断的水源供给。这些湖泊又连接着稠密的河网，使得水路交通往来顺畅通达。看似宁静的湖泊却生机无限，多种多样的生物在这里繁衍生息。千百年来，一代代中国人在湖泊的周边用勤劳和智慧创造着文明舒适的生活环境，利用着湖泊的各类资源，过着富足美好的生活。

湖中鱼虾穿梭、湖畔稻香桑绿，采菱养蚕、编席造鞋，各门类产业兴旺发达，湖泊周边区域呈现一派欣欣向荣的繁华景象。以太湖流域为例，随着人口的南迁，这里在唐朝前期和中期经济就得到发展，到宋朝时期已经达到"苏湖熟，天下足"的程度了。在稳固的农业基础上，太湖流域还发展起了各类手工业和制造业，逐渐发展出很多城镇。在今天，太湖流域承继着千年前就存在的城镇基础，有序组织着各类经济活动，生活在这里的人们过着富足安稳的美好生活。

浙江嘉善县境内水网交织，物产丰饶，民风淳朴，素以鱼米之乡、丝绸之府、文化之邦名扬天下，县内的西塘古镇被称为"活着的千年古镇"。这小小的西塘古镇，唐宋时期就已形成村镇，元代开始渐渐形成集镇，商业开始繁盛起来，明清时期已经发展为江南手工业和商业重镇，今天这里依然是著名旅游地，镇上的人们也继续过着悠闲安逸的生活。

目前，我国分布在湖泊周边区域的城镇众多，产业密布，有的城镇已经是重要的经济中心。以巢湖和太湖为例，环巢湖流域是全国粮油生产基地之一，盛产鱼、虾、水稻、蔬菜、瓜果、茶叶、花卉等产品，而且这里还发展了集成电路、人工智能、新能源汽车等各类现代产业。

湖泊周边区域的富足状态可以一直持续下去吗？

保障湖泊周边区域的持续富足和长久发展是我们的追求。湖泊流域的富庶和繁荣该如何持续？近半个多世纪以来，中国经济发展突飞猛进，湖泊的水资源、生物资源等也得到了前所未有的开发利用。这里水田、果园、各类养殖场遍布。沿湖地区城市化、工业化快速推进，各类生产、生活污水的过多排放也让湖泊失去了往昔的光彩。同时，随着用水量激增，有的湖泊周边出现了水资源短缺问题，导致各个产业都出现了前景受限的局面。

湖泊周边区域的经济发展是建立在对湖泊资源开发的基础上的。湖泊流域水资源的利用在 20 世纪主要表现在饮用、洗衣、做饭等生活用水，农田灌溉，渔业养殖，航运交通等几个主要方面。而随着时代发展，湖泊资源的开发更加多样和深入，伴随而来的是用水需求增大、水污染加剧、资源短缺、生态环境恶化等问题。以太湖为例，随着水资源的过度开发利用、废水的过度排放，太湖整体水质变差、生态环境恶化，这也导致了湖水渐渐地无法满足产业发展需求，无论生活用水还是工农业用水都受到了影响。

曾自豪于湖泊水量丰沛的人们，在多年来不计后果地开发利用湖泊资源之后，深切意识到了优良

▲ 水产养殖

的水质才是湖泊流域可持续发展的根本保证。"绿水青山才是金山银山"的理念逐渐深入人心，人们开始将经济发展和保护湖泊生态环境深度融合。

如何在发展经济的同时保障湖泊资源的可持续性？

湖泊之开发利用，重在资源的综合利用；湖泊之治理维护，也在于对其进行统筹规划和保护。湖泊生态环境治理与恢复可以说是任重道远，短期与长期任务兼具。短期内需要尽快改善水质，遏制生态环境恶化的趋势，长期则要寻求低污染的发展路径，推进绿色发展。

为了改善湖泊生态环境，一方面，人们兴建调水工程，通过调水来增加重点湖泊的水量，加快水体流速，促进水的循环流动，改善水质；另一方面，人们加强对各个入湖支流及周边城镇的排污管控，提高排水标准，从源头上净化湖水。

在协调发展经济与保护湖泊环境方面，人们不断地进行着探索。

巢湖作为中国五大淡水湖之一，自21世纪初开始，这里的人们就在不断地进行环境保护实践，探寻保护修复湖泊的治理方案，逐步建设了环巢湖十大湿地作为生态屏障。同时，周边上万人退居，上万亩渔场退养，生态环境得到有效改善，当地一些渔民转型从事湿地管护工作。另外，该区域人们坚持发展现代产业，实现了经济发展和环境保护同时发力，城湖共生。未来，巢湖的生态环境将得到更大改善。

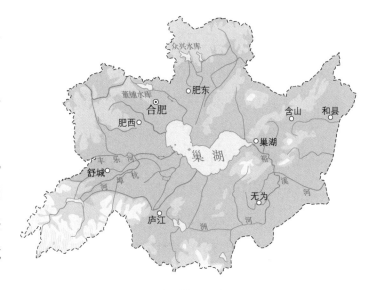

▲ 巢湖示意图

△ 东湖示意图

人们在武汉东湖建立起了生态旅游风景区，首先退渔还湖，恢复东湖面积。同时，人们进行管网改造，实现"污水进管网，雨水入湖塘"，保证源头水质。另外，人们还在湖区开辟生态修复示范区，重现东湖"水下森林"，逐步重现结构完整、物种多样、稳定的清水型生态系统。目前，东湖承担着多个文化旅游主题活动，东湖绿道成为了马拉松爱好者的"跑马胜地"，净水带也带动了相关产业的发展。优美环境助力了东湖高新区的快速发展，各类低污染的现代产业纷纷入驻，生态红利带来的好处也促进了当地对湖泊的保护，实现了经济发展与生态保护良性互动。

太湖流域正在不断规划着旅游休闲带、区域会展中心和产品研发基地等项目，本着以农业为基础、创新性发展的理念，利用保持清洁生态环境基底的相关科技手段修复水体和土壤，使用清洁能源，真正发展好太湖的生态资产，开展生态旅游。太湖流域依托传统丝织业的蚕桑文化生态园，融合文化、商业、旅游和农业，正在吸引着更多的游客前来。

一千多年前，杜荀鹤诗云："君到姑苏见，人家尽枕河。古宫闲地少，水港小桥多。夜市卖菱藕，春船载绮罗。遥知未眠月，乡思在渔歌。"而今天，我们只有不过度开发湖泊资源，着力开发新型产业，才能维持湖畔周边区域经济的长期繁荣。

第五章
潭镜再磨湖之煌

　　刻画入微，精心细致地调查监测，掌握湖泊变化的所有细节；励精图治，多种工程手段实施，综合治理水环境污染；固本疏源，维护湖泊生态系统稳定，从根本上加强湖泊生态功能；防微杜渐，划定湖泊利用红线，人与自然和谐相处。

第一节 刻画入微湖之治

"刻画入微"意思是精心细致地描摹，连极小之处也不大意，形容认真细致，一丝不苟。在湖泊治理这件事上，科学家们真正做到了"刻画入微"。他们不仅需要研究湖泊的面积变化、水体颜色的变化、动植物的生存状况……还需要将这些信息综合起来研究，由表及里，透过一些现象看到湖泊存在的本质问题，找到合适的对策，使湖泊既能保持自己的勃勃生机，又能满足人们生产、生活的需要。

通过遥感技术来监测湖泊面积变化

如果与长期居住在湖附近的居民交流，你会发现他们大多感受过湖的"身材"变化。湖面扩张，湖自然就"胖了"；湖面萎缩，湖自然就"瘦了"。特别是地处我国东部季风区的湖泊，随着季节的变化，本身会有丰水期和枯水期。而很多湖泊反常的"变胖"或者"变瘦"，都会对生态环境产生影响。

自然界是统一的整体，湖泊反常的"胖瘦"变化可能是气候变化的信号，也可能是物种生存状况变化的信号，还可能是水源变化的信号或人们生产、生活行为变化的信号。

要想了解湖泊水量变化，就要有监测湖泊水量的办法，一般情况下，需要测量湖的面积和深度，再通过对比不同时期数据来了解湖泊水量的变化情况。目前能够比较快速地监测湖泊面积变化的技术是遥感。

遥感技术是在遥远的地方就能感知到信息的技术。通过遥感技术，人们就像有了一个"千里眼"，即使距离很远，只要被监测的物体能够反射太阳光或发出信号，传感器就能接收到信号，并将信号转换成图像，再经过科学

▲ 遥感技术

分析，人们就能了解目标物的信息。能利用遥感技术监测的事物有很多，湖泊面积测量只是其中之一。

通过遥感技术这个"千里眼"对湖面进行定时"拍照"，记录下不同时间的影像，然后对比不同时间的影像，就可以知道湖面是萎缩了还是扩张了，再结合气象和其他信息，就能掌握更准确的信息，分析湖泊水量变化的原因。有了遥感技术，对湖泊的监测就不受地理位置的限制了。即使是高原险峻地带的冰川湖、沙漠戈壁地区的湖泊等，人们也能通过"千里眼"监测了解它们的全貌和变化。科学家们还建立了数据库，用来记录湖泊"胖瘦"变化的数据，这样即使过了很多年，人们也能非常快速地、清楚地知道湖泊面积的变化情况。

湖泊的综合治理

全球气候变暖既能引起湖泊萎缩，又能导致湖泊扩张。冰川湖的湖水来源是融化的冰川，所以它的水量变化受到冰川融化时间、程度的影响，全球气候变暖会引起这类湖泊水量增加。而对于其他类型的湖泊来说，全球气候变暖，水蒸发量会增加，水面也会下降。

生产、生活用水增加是湖泊面积萎缩的普遍原因。随着人们在湖泊周边扩大生产规模、过度开垦、过度放牧，很多绿洲和湖泊面临萎缩，土壤也发生沙化和盐碱化，生态环境恶化。而经过人类多手段的综合治理，很多湖泊恢复了往日的生机。

拓展阅读 **"塞外天池"——岱海，重现美丽容颜**

岱海叫海却不是海，而是内蒙古自治区第三大内陆湖。20世纪50年代，湖面有近200平方千米，是乌兰察布市凉城县人民的母亲湖，素有"塞外天池"的美誉。

受沿湖工农业取水和自然补水变化等因素影响，岱海湖面逐年萎缩、水质不断恶化。工农业取水大幅增加是岱海水位下降的主要原因之一。位于岱海南岸的电厂一度是"吃水大户"，过去每年要从岱海大量抽水来冷却发电机组；岱海周围的21万亩（1亩≈667平方米）耕地也是"用水大户"；同时，这里还曾分布有大量鱼塘和养殖场等。

自2016年以来，政府和相关部门不惜成本"全力拯救岱海"，采取了一系列对症下药的治理举措。例如，电厂进行"湿冷改空冷"技术改造，如今，这家电厂已经不从岱海取水；人们将耗水的玉米、甜菜改种为节水的大豆、油菜等，同时，部分耕地禁施化肥，大力推广有机肥；减少周边鱼塘和养殖场的数量，湿地得以休养生息；实施岱海湿地清理整治、电厂中水回用、污水管网铺设、环岱海周边农村环境等综合治理工程。如今，岱海萎缩的趋势得到初步遏制，水质、生态系统得到改善。

∧ 岱海湿地景观

第二节　励精图治湖之清

水让湖灵动、充满生机。如果水质恶化，我们便看不到"波光碧水漾"这样诗情画意的景象，同时，它还会影响到生产和生活用水，甚至影响到生态环境。因此，即使很难，我们仍要千方百计治理好"生病的湖泊"。《汉书·魏相传》中记载："宣帝始亲万机，厉精为治。"治理湖水也是一样，要努力振奋精神，励精图治，才能保持湖水的生机。

湖的"病"是什么？

最常见的湖之"病"是蓝藻水华。正常生长的蓝藻是生态系统中重要的组成部分，是鱼类的食物，而过度生长的蓝藻会形成灾害——蓝藻水华。当淡水中氮、磷等营养物质过多时，藻类会过度生长，并浮到水面聚集在一起，产生水华现象。

蓝藻已经在地球上存在 33 亿至 35 亿年了。这片绿色可不是画笔涂上去的，更不是油漆，而是蓝藻引起的水华。

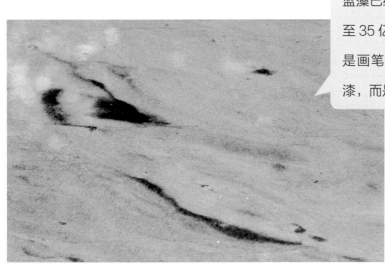

◀ 蓝藻暴发

△ 太湖美景

△ 湖泛的景象

这可不是泥水哦！这是湖泛的景象。太湖平时可不是这样的，上面才是它平时真实的"颜值"！

相比于绿藻、硅藻等藻类，蓝藻作为优势藻，可以在垂直方向上运动，能够快速聚集在水面并大量繁殖，在水面形成绿色藻层，称为水华。

这个"病"更严重一点，是蓝藻大量死亡，产生湖泛，也叫"黑水团"。太湖湖泛比较频繁，湖泛发生时，湖水浑浊似褐色泥浆，人能看到气泡，也可能看到死鱼，还能闻到类似下水道恶臭和臭鸡蛋的味道。有研究统计，2009—2018 年期间，除了 2014 年和 2016 年，太湖西北部近岸发生过 29 次湖泛。

除了可以直接发现的"病症"，还有更隐蔽的"病症"——重金属污染，这就不只是水的问题，还涉及湖底的沉积物。

湖"生病"了会产生什么影响？

从湖面到湖底，不同区域有不同的"病症"，会产生不同的影响。也就是说，不同原因引起的水质变化，会产生不同的影响。

蓝藻引起的水华造成的影响比较直观，也比较大。水华暴发时，人们靠近水源就能闻到水里的异味，看到的水也是不干净的，对湖泊美景的感官体验大大降低。水华对植物来讲可能是"灭顶之灾"。大量藻类死亡后，其遗体分解时会消耗水中大量的溶解氧，这会导致水中其他需要氧的生物面临缺氧，甚至窒息死亡。部分藻类产生的藻毒素对饮用水水质也会产生影响，进而可能导致人体过敏、肝中毒等。

太湖、巢湖、滇池曾是发生蓝藻水华最严重的湖泊，太湖更是"重症"，还会经常产生湖泛。太湖湖泛曾引起无锡市供水危机。

重金属污染的影响不那么直观，但更有持续性。重金属会对水生动植物产生影响，比如，重金属被藻类吸收，会引起藻类自身代谢功能的紊乱，抑制光合作用，细胞色素减少，甚至细胞畸变、组织坏死，严重的还会引起藻类死

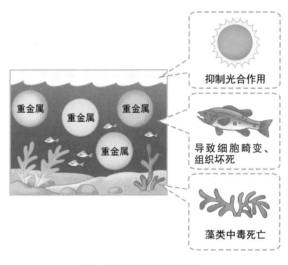

抑制光合作用

导致细胞畸变、组织坏死

藻类中毒死亡

∧ 重金属污染的危害

知识速递

溶解氧：溶解在水中的分子态氧。溶解氧一部分来自大气在水中的渗透，一部分来自水中的植物进行光合作用释放出来的氧气。

亡。藻类是其他水生动物的食物，受重金属污染的藻类，其附带的重金属会随着食物链进入到人体，并在人体中积蓄，会造成人体免疫系统防御能力降低等危害。

湖的"病"是怎么得上的？

没有人类活动干扰的湖泊大多不会得很严重的"病"，自然界的水循环、动植物生态系统能维持平衡，帮助湖水保持"健康"。而人类活动导致的湖水"生病"，湖泊很多时候是难以自愈的。

水体富营养化是水质恶化的直接原因。水体中植物生长所需的营养元素氮、磷含量增加，为藻类的繁殖提供了良好的条件。蓝藻作为优势藻类，在适宜的温度下，加之水面风速小、风浪不大，水流又很慢，蓝藻便不会下沉、流走，而会积聚在水面上，大量繁殖。另外，大量积聚的蓝藻还能抵御被浮游动物牧食，生长起来会更加肆无忌惮。

知识速递

自然条件下，不同湖泊所含营养成分是不同的，富营养湖养分丰富，贫营养湖养分少一些。外部水源的补充会让贫营养湖的营养逐渐增加，但是会非常缓慢。然而，如果富含氮、磷等营养物质的工业废水和生活废水大量直接或间接排入湖泊水体，湖泊就会马上转变成富营养状态。

湖泛，是指在富营养化湖泊水体中，在藻类或水草大量暴发、积聚和死亡后，在适宜的气象和水文条件下，伴随底泥中的有机物在缺氧和厌氧条件下产生的生化反应释放出硫化物、甲烷和硫醚类物质，形成黑褐色伴有恶臭的"黑水团"，从而导致水体水质迅速恶化、生态系统受到严重破坏的现象。湖底淤泥通常情况下不会大量上浮，而是处于湖泊岸边、入湖口或者湖汊（水流分岔的地方）等浅水区，如有机物含量增多，加上温度升高，则会发酵并上浮与蓝藻发生反应。所以，湖泛是在气温、风场等气象条件和水文条件综合影响下产生的。

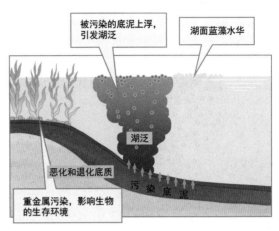
被污染的底泥上浮，引发湖泛

湖面蓝藻水华

湖泛

恶化和退化底质

污染底泥

重金属污染，影响生物的生存环境

△ 湖泛的形成过程及其影响

湖泊水体中的重金属，在自然条件下，可能来自岩石的风化物和土壤。然而，这些含量并不一定能达到"污染"的程度。造成湖泊重金属污染的"病因"主要来自工业废水、农业排水、固体废弃物的不当处理等。

湖的"病"能治好吗？

知道病因，就能"对症下药"。蓝藻水华、湖泛、重金属污染等，各自表现不同，但又有相关联之处，要想治理，改善水质是关键。

太湖是三种"病症"都有的湖泊。太湖的治理也很有成效，逐渐恢复了"湖之清"。从湖体本身来说，首先要控制蓝藻的大量繁殖生长，其次是要把已有的蓝藻清除出湖，最后要想办法利用它。

控制蓝藻大量繁殖生长，就不能有富营养化的湖泊水体，从富营养化的源头——生产、生活上做管控，减少氮和磷的流入，即控源截污，不给蓝藻生长提供过多养分支持。同时，清除蓝藻的办法最好是打捞，通过机械除藻，能尽快让湖面恢复。治理方法除了控源截污、打捞蓝藻以减少蓝藻数量，还包括生态清淤、"引江济太"等调水措施。

生态清淤的好办法是"原位修复，泥水同治"，就是哪有污染在哪修复，不将污水、污泥转移。这种技术方法是将凝聚剂与泥水混合，把重金属类污

染物聚集、吸附在一起，然后将其从泥水中分离出来，使污水变成清洁的水。对底泥中重金属进行分离，能够净化水中微生物的生存环境，激发原有微生物的活性，恢复水体的自净能力。

调水措施是降雨减少时，改善水质的有效措施。降水减少会使湖水水位降低，流动性减弱，形成利于蓝藻生长的浅水区。作为蓝藻水华、湖泛发生的典型湖泊，太湖治理中采取了"引江济太"措施，即引长江水入太湖，采取"以动治静、以清释污、以丰补枯"的水资源调度方针来改善水质，通过"一进多出"的调水，防治太湖污染。

中医讲究"治未病"，即预防为先。给湖泊"治病"也是一样的道理，既要治疗，又要预防。就像人们做体检一样，要定期观察湖泊的状态，还要结合气象、水文等条件，进行综合分析、判断，尽量预防水华、湖泛等"疾病"的发生。通过科学的方法监测主要的水质指标，进而分析原因，进行科学防治。另外，湖泊及周边河道、湿地的修复，会增强湖泊的"自愈"——净化水体和抑制蓝藻过度生长的能力。

湖之清，是"励精图治"之果，更是环境美好之镜。

第三节　固本疏源湖之复

相比于"头痛医头，脚痛医脚"的"治疗方式"，湖泊的生态修复是把湖水与植物、动物、微生物、底泥等作为相互关联、依存的系统，进行整体修复。要想拥有健康的湖泊，就要从生态系统根本上解决湖泊的"病症"。唐朝的魏徵在《谏太宗十思疏》中说："求木之长者，必固其根本；欲流之远者，必浚其泉源。"这句话的意思是想让树木生长，一定要稳固它的根；要想让河流源远流长，就必须要疏通它的源头。站在生态系统的角度做湖泊的修复，亦如此，也要"固本疏源"。湖泊的"本"是湖水、动物、植物、微生物等组成的生态系统，湖泊的"源"是"病症"，"固本"就是要维护好湖泊生态系统，"疏源"就是要减少污染物，本源同重、标本兼治，才能使湖泊恢复勃勃生机。

为什么要对湖泊进行生态修复？

自然界的生物之间相互依存，各种生物都有生存空间，而在食物链中，不同生物有不同的天敌，比如藻类会被浮游动物吃掉，浮游动物会被肉食性鱼类吃掉，鱼会变成餐桌上的一道菜……所以，湖中的各种生物在数量上会维持基本的平衡。

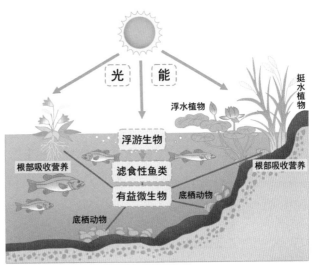

湖泊生态系统能量流动

这样的湖泊是健康的，即使平衡稍微被打破，也能慢慢恢复。

如果有污染物流入，造成部分生物数量过多，其他生物的生存空间就会受到限制，比如蓝藻过量繁殖会造成鱼类死亡。如果有一种没有天敌的生物进入湖泊，就会以湖中的其他生物为食，也会大量繁殖，影响其他生物生存；如果水质发生变化，也会让适应原来环境的生物面临生存危机。湖泊不仅是水生生物的"家"，还具有供水、防洪、航运及调节局地气候等重要功能。如果湖泊污染严重，原有的生态功能退化了，将严重影响水生生物的生存和人们的生产、生活。

为什么湖泊的生态功能会退化？

湖泊生态系统中的各个部分"各司其职"，发挥着各自的生态功能，维持着生态系统的正常运转。如果某一部分不能承担自己的功能，生态系统就有可能退化。生态功能退化的原因大多是人为的，比如围湖造田、过度养殖、过度开发、不当利用等。

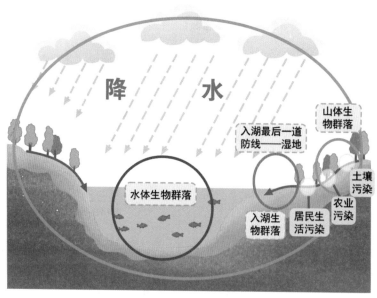

⌃ 水文过程驱动下湖泊接纳流域污染物

洱海作为重点保护湖泊之一，曾经也是典型的生态功能退化的湖泊。作为洱海的入湖河流，"北三江"（弥苴河、永安江、罗时江）和苍山十八溪等水体受到生活和农业所带来的负面影响严重，农田过度使用化肥，农田灌溉排水后，流进湖泊中的氮、磷等物质增多，导致水质变差。农田灌溉水浪费严重，输入洱海的水量减少。作为湖泊水源的涵养地，周边森林减少，其涵养水源的功能降低，容易造成水土流失。

〜 出入湖河流
—— 流域范围线
🏞 湖泊水库

▲ 洱海流域简图

如何对湖泊的生态进行修复？

生态修复是指对生态系统停止人为干扰，以减轻环境负荷压力，依靠生态系统的自我调节能力与自组织能力使其向有序的方向进行演化，或者利用生态系统的自我恢复能力，辅以人工措施，使遭到破坏的生态系统逐步恢复或向良性循环方向发展。生态修复工作主要是对在自然突变和人类活动影响下受到破坏的自然生态系统的恢复与重建。现在的修复很重要的是针对湖滨带的生态修复。湖滨带为湖泊水陆生态交错带的简称，是湖泊流域中陆地生态系统和水域生态系统之间十分重要的过渡与缓冲区域，是健康的湖泊生态系统的重要组成部分，在一定程度上是湖泊的一道保护屏障。

那么曾经污染严重的洱海是如何进行生态修复的呢？

首先要改善水质。洱海水体生态修复主要是减少外源污染，增强自身的净化能力。一是要把过密的人口搬离；二是疏通水流，加大水的流动；三是将沟渠中流入的水引入周围草甸和森林中，发挥湿地的截污和净化功能。

其次是水生态环境的修复。这主要通过水生植物来实现，水生植物能够吸收氮和磷，帮助湖泊自净。生态修复时，除了选择适合的植物，还要通过科学观察、分析，确定容易将湖底淤积物冲上岸的区域，并将其与人类活动区域进行分离，对其进行适当的修正，这有利于湖泊自净能力的发挥。

再次是岸上的生态修复，该修复工作十分困难。湖岸与人的生活关系更紧密，要恢复生态就要弱化生活区功能，即让人们搬离，保留该区域作为景观的观赏功能，这样可以大大降低人对环境的负面影响。人类活动减少并不能达到完全恢复生物多样性的目的，还要控制没有天敌的物种"肆无忌惮"地繁殖。因此，人们清除了入侵物种紫茎泽兰，从而营造了适应不同生物生存的生态系统基底，为本土动植物栖息提供生存环境。这些物种会在自然中自由生长，彼此在竞争中生存，慢慢形成动态平衡的生态系统。

从控制污染源头到恢复水体自净能力，从减少人为干扰到生态系统的多样性重建，洱海实现了对自然影响最小的生态修复。湖泊的生态修复不是一件容易的事情，要想将湖泊生态系统恢复，还要将湖泊作为"山水林田湖草"

︿ 洱海边湿地

⋀ 洱海

中的一员，考虑其与其他成员之间的关系，不能顾此失彼，而应该是"共同进步"。洱海治理按照"修山育林、净田治河、修复宜居、增容保水"的思路，实现了"固本疏源"的整体生态修复。

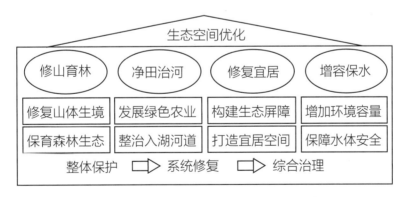

⋀ 洱海流域山水林田湖草一体化保护修复

不仅是洱海，在其他湖泊的生态修复中，也将"山水林田湖草"作为整体，以生命共同体来对待，实现环境的整体改善。

第四节　防微杜渐湖之护

在利用湖泊资源的时候，要坚持人与自然和谐相处的理念，既满足人类的发展，又给自然界其他的生物留足生存空间，划定利用的界限，保持湖泊的自愈能力，维持人类活动需要和自然循环的平衡。正如晋代韦謏在《启谏冉闵》中所说："清诛屏降胡，以单于之号以防微杜渐。"在开发利用湖泊等自然资源的时候，也要"防微杜渐"，通过科学的监测、观察、分析和判断，采取积极的措施，对湖泊进行预防性的保护，维持湖泊的健康状态。

为什么一定要进行预防性的保护呢？

湖泊是大自然的宝贵财富，它们不仅提供了重要的生态服务，还为我们的生活和经济提供了诸多便利。然而，受多种因素的影响，如水污染、水位下降、非法开发等，湖泊生态系统经常受到威胁和破坏。这些问题使湖泊生态修复变得异常困难，而且湖泊生态修复需要高昂的成本。

此外，湖泊生态系统的有些损害可能是不可逆的，如关键的物种灭绝或栖息地的永久性破坏。在一些情况下，湖泊生态系统可能已经失去了关键的保护性物种，如食物链的重要环节或生态系统的维持者。这使湖泊生态系统的修复变得更加复杂，因为这些物种的恢复可能非常困难。所以，预防是维护湖泊生态系统健康的最佳方法。

为什么湖泊生态修复那么困难呢？

湖泊生态修复是一项复杂而具有挑战性的工作。湖泊生态系统非常复杂，是高度多元化的，包括水质、水生植被、水生动物、底泥等多个组成部分，每个组成部分都相互关联。湖泊生态修复涉及多个层面，包括水质改善、生态平衡的重建以及栖息地的恢复等。因此，修复需要采取综合性的措施，这不仅具有挑战性，而且修复的成本也很高。

如何防微杜渐，保护湖泊生态健康呢？

尽管湖泊生态修复成本高，但是已经受到污染和影响的湖泊还是需要进行生态修复的。修复湖泊不仅可以增加饮用水水源、支持渔业和旅游业的发展，还可以改善生态平衡，减轻水灾风险，维护生物多样性，提高人民生活质量。同时，我们可以采取一些积极的措施来"防微杜渐"，提前预防湖泊问题的出现，保护好湖泊的生态健康。

垃圾分类和减少使用塑料：我们可以减少废弃物进入湖泊的机会，将垃圾进行分类和减少使用塑料制品。这将从源头上减少湖泊污染。

水资源节约：在生活中节约用水，不浪费宝贵的水资源。合理使用水资源是保护湖泊的重要措施。

栖息地保护：湖泊周边的湿地和栖息地需要得到有效保护，以维持湖泊的生态平衡。

土地保护和规划：我们要支持可持续土地利用规划，以减少湖泊周围土地的破坏。城市化和农业活动需要在不破坏湖泊生态系统的前提下进行。

监测和科学研究：持续的监测和科学研究有助于人们了解湖泊生态系统的状况和存在的问题，并为科学的管理提供决策依据。

遵守湖泊保护法规：了解并遵守湖泊保护法规，参与相关活动。这将帮助政府更好地管理湖泊资源，预防问题的发生。

教育和宣传：通过教育和宣传，我们可以提高人们对湖泊保护的意识，鼓励更多人参与保护湖泊的行动。公众的参与和支持对于湖泊保护至关重要，每个人都可以为湖泊的保护贡献一份力量。

为什么需要湖泊保护条例？

湖泊保护条例或河湖保护条例的制定对于维护湖泊和河流的生态健康、水资源可持续利用以及社会经济的可持续发展至关重要。比如，保护条例可以规定湖泊和河流的生态保护要求，以维护生态平衡，预防物种灭绝，保护生物多样性；保护条例可以规定污染控制标准，强调清洁生态系统的重要性，以维护水质，减少污染，保护水资源；河湖保护法规还可以规定洪水管理和水资源调配措施，以减少洪水风险，确保水资源的合理分配和使用；保护条例有助于确保水资源的可持续开发利用，维护当地社区的经济福祉。

湖泊保护条例或河湖保护条例是维护湖泊和河流生态系统健康和可持续性的关键工具。它们可以提供法律框架，鼓励合理管理和保护这些宝贵的水资源，从而促进社会、经济和生态的可持续发展。湖泊和河流的保护事关我们所有人的未来，相关法规的存在和实施对于保障这一未来至关重要。

哪些地区颁布了湖泊保护条例或河湖保护条例？

湖北省位于中国中部，拥有众多湖泊，其中最著名的是东湖和洪湖。湖北省制定了一些湖泊保护相关的法规和政策，如《湖北省湖泊保护条例》，该条例规定了湖泊的保护和管理要求，包括水质保护、湖泊周围土地利用管理等；湖北省参照国家级的水环境保护法律法规制定了本省水环境保护法，以保障湖泊的水质；湖北省政府积极推动湖泊保护项目，包括湖泊清洁工程和湖泊生态修复工程，以改善湖泊的水质和生态环境。

江苏省位于中国东部，拥有众多湖泊，如太湖、洪泽湖、骆马湖等。江苏省采取了多种措施来保护这些湖泊，如颁布了《江苏省湖泊保护条例》，规定了江苏省内湖泊的管理和保护要求，着重关注水质改善和湖泊周边环境的保护；制订了太湖水环境保护行动计划，采取了特别措施来改善太湖的水质，减少水污染源；进行了湖泊保护相关监测工作，如进行了湖泊监测和数据收集，以确保湖泊的水质和生态系统得到有效管理。

江西省有一些重要的湖泊，如鄱阳湖。江西省制定了《江西省湖泊保护条例》，规定了湖泊的管理要求，包括水资源的保护和合理利用要求；积极推动了湖泊生态修复项目，以恢复湖泊的生态平衡和水质。

湖泊保护法规是非常重要的，它们就是保护湖泊的重要措施。这些法规告诉我们如何保护湖泊，防止它们受到伤害。不同的地方可能有不同的法规，

∧ 鄱阳湖

但它们都是为了确保湖泊的安全和健康而制定的。所以，我们要遵守这些法规，就像遵守学校的规则一样，以确保湖泊可以保持美丽和健康。

湖泊是我们生活中不可或缺的一部分，也是大自然生态系统的重要组成部分，因此维护它们的健康是至关重要的。湖泊生态修复虽然复杂，但通过综合性的措施、合理的管理和广泛的合作，我们仍然有机会保护和修复湖泊的生态系统。尽管存在挑战，但我们可以以坚定的决心和"防微杜渐"的态度，继续为湖泊的可持续发展而努力。这事关我们自己、我们的子孙后代，以及整个地球生态系统的长远利益。

第六章
富轹万古湖之道

　　怡性养神，湖泊生态自然美，陶冶情操修身养性；百花齐放，艺术与自然相结合，描绘湖泊的千姿百态；浩如烟海，历史长河中的湖泊，承载了千百年来的文化家园；酌古御今，人与自然是生命共同体，生态文明建设功在当代，利在千秋。

第一节　怡性养神湖之心

明代李贽在《读书乐并引》中有言："束书不观，吾何以欢？怡性养神，正在此间。"其中"怡性养神"的意思是怡悦精神，使之安适愉快。"怡性养神湖之心"是指湖泊是维护生物多样性的关键环节，它不仅蕴藏着丰富的水资源、渔业资源，也是人类精神的栖息地，是人们宣泄情感、寻求心灵慰藉的场所，能够让人们心情舒畅、身心健康。

"精神家园"是人类另一个意义上的"家"

"精神家园"是一个比喻性的说法，与人们的物质家园相对应，泛指人们的心灵追求和精神期盼。"精神家园"并不是现实中的家园，而是每个人心灵寄托的场所，是人类另一个意义上的"家"。湖泊有着碧波荡漾的湖水、各种各样的植物、自由自在的动物，温度适宜、自然灵动，让人心旷神怡，因此被称为人类的精神家园。

围绕湖泊建设"精神家园"的行动有哪些？

俗话说："城有水则秀，居遇水则灵。"人类从诞生之初便烙上了择水而居的印记，数百万年来一贯如此。虽然随着社会的发展，人们不择水而居也能自如地生活，但人们依然无法摆脱对水的依赖。我们可以围绕湖泊开展丰富多彩的休闲娱乐、体育锻炼和康复养老活动。

人们喜欢在湖面上泛舟，在湖边上散步、纳凉、垂钓等，从而获得轻松感、愉快感、幸福感，缓解生活和工作上的压力，得到精神滋养。

泛舟　　　　垂钓　　　　散步

△ 白洋淀

在湖面上开展赛龙舟活动，不但能锻炼身体，体会永不服输、力争上游、精诚团结的精神，而且能在水、植物和动物和谐共处的自然环境中愉悦精神。绕湖开展环湖骑行活动，会使人在大自然的美景中不自觉地放空自己，获得心灵上的平静。

赛龙舟不仅能够强身健体，而且能够传承中华民族的传统文化。端午节赛龙舟已然成为很多地方的传统。赛龙舟的最佳场所就是水清岸绿、风景如画的湖面。每逢端午节，全国多地的湖泊都旗帜飘扬、锣鼓喧天，人们如火

如荼地开展赛龙舟活动。在
山东大明湖、北京龙潭湖、
武汉东湖、南京玄武湖、嘉
兴南湖、广东华阳湖等地，
都能看到赛龙舟活动。

骑行是一种健康自然的
运动方式，人在骑行过程中
能充分享受大自然之美。为
更好地欣赏湖泊美景，环湖

∧ 赛龙舟

骑行是个不错的选择。近年来，很多地方都开展了环湖骑行活动，比如环青
海湖骑行、环太湖骑行、环千岛湖骑行等。

环青海湖骑行一圈，沿途经过草原、沙漠、牧区、花海，可观看牛羊成

∧ 环湖骑行

▷ 青海湖风光

∧ 环青海湖骑行线路示意图

群的牧场，还可以眺望巍峨的雪山，碧湖蓝天，风景壮阔，令人心情愉悦。青海湖盛夏时节平均气温为15℃，气温适宜，风景优美，是环湖骑行的胜地。

人们选择在湖泊周边开发休闲、娱乐、养老、康复场所，吸引更多的人走近湖泊，怡性养神。

健康就是生理、心理和精神都处于良好状态。为了使老年人更好地保持健康状态，需要给他们提供环境优美、空气清新的养老场所。因而人们经常会选择在湖边建造疗养院、养老院、度假村等。

⋀ 玩乐

⋀ 湖边度假村

探索与实践

结合本节内容，谈谈湖泊是如何让人放松身心的？

第二节　百花齐放湖之艺

百花齐放出自清代李汝珍《镜花缘》第三回："百花仙子只顾在此著棋，那知下界帝王忽有御旨命他百花齐放。"百花齐放形容百花盛开，丰富多彩，比喻各种不同形式和风格的艺术自由发展，呈现一片繁荣的景象。"百花齐放湖之艺"是指湖泊作为自然界的"明珠"，是艺术与自然相结合的窗口之一，人们通过丰富的艺术形式，如绘画、音乐、舞蹈等来抒发对自然的情感。

湖之画

古往今来，很多画家喜欢以湖水为题材来作画，其原因一是湖边风景优美，画家在此会感到安静，从而产生更多的创作灵感；二是画湖水可以让人有超凡脱俗的感觉，让人能感受到宁静。

明代画家颜宗的《湖山平远图》以江南水乡的景色为题材，将远山、近水、鸿雁、树、人物、田野、渔船、村舍等动静相映的现实生活的真实情景勾勒在画卷中。画中人物角色丰富，有骑驴者、童仆、农夫、山行客、村居者、挑水人、渔夫、樵夫、儿童、船户、隐士等，他们各自独立又相互呼应，与青绿的山林和秀丽的湖水共同构成宁静美好的画面。

元代画家吴镇的《洞庭渔隐图》以洞庭湖的湖光山色为题材，画中由近到远，有松柏、藤蔓、平静无波的湖面、扁舟、连绵的山等元素，画出了洞庭之滨的安静幽美，表达出作者宁静淡泊的心境。

当代画家杨明义的《太湖人家》、吴冠中的《太湖鹅群》和孙韵的《太湖之恋》都是以太湖为题材的作品，不但刻画出了太湖宽阔的水域、美丽的风光，还展现了太湖与动植物及人类相互依存的关系。

湖之歌

艺术家除了以湖泊为题材作画，还以湖泊为题材创作歌曲。电视连续剧《铁道游击队》的主题曲《微山湖》，将微山湖的美丽风光和铁道游击队的乐观英勇相结合，不但唱出了阳光照耀下青松绿水和片片白帆相互辉映的美好画面，而且唱出了抗日英雄乐观向上的英雄气概。

歌曲《问情千千》是以镇江金山湖为题材，以民间传说《白蛇传》中白娘子和许仙的千年爱情传奇为背景而创作的，不但唱出了金山湖的美丽和浪打船舷的轻柔，而且唱出了跨越古今、唯美动人的爱情故事，将金山湖水与爱情故事相结合，融入了创作者和演唱者对家乡山水的思念之情。

⌃ 微山湖

第三节　浩如烟海湖之诗

成语"浩如烟海"出自隋代释真观的《梦赋》："若夫正法宏深，妙理难寻，非生非灭，非色非心，浩如沧海，郁如邓林。"它形容典籍、文献资料等极为丰富。古往今来，许多文人墨客行吟湖畔，留下了数不胜数的诗词歌赋。诗中有湖，湖中有诗，湖美，诗美。

"秋水共长天一色"——鄱阳湖

鄱阳湖位于江西省北部，是我国第一大淡水湖，位于长江中下游南岸，在调节长江水位、涵养水源、改善当地气候和维护周围地区生态平衡等方面都发挥着重要作用。"落霞与孤鹜齐飞，秋水共长天一色。渔舟唱晚，响穷彭蠡之滨……"是唐代诗人王勃所作的《滕王阁序》中描绘鄱阳湖的千古名句，将一个水天相连、渺无际涯的鄱阳湖呈现在世人眼前。唐代诗人白居易作《湖亭望水》，一句"久雨南湖涨，新晴北客过"描述了连降大雨使鄱阳湖南湖涨水，天晴后从北来的舟楫通过湖面的场面；"岸没闾阎少，滩平船舫多"描写出了由于涨水淹没了湖岸，湖区居民为避水灾纷纷迁走后湖区的荒芜。唐代诗人贯休的《春过鄱阳湖》和韦庄的《泛鄱阳湖》都描绘了泛舟鄱阳湖上所见之景。"百虑片帆下，风波极目看""四顾无边鸟不飞，大波惊隔楚山微"都描绘出了鄱阳湖南湖浩瀚无际的壮阔。

"湖光秋月两相和"——洞庭湖

洞庭湖，位于湖南省北部，长江荆江河段南岸，为我国第二大淡水湖。"予观夫巴陵胜状，在洞庭一湖。衔远山，吞长江，浩浩汤汤，横无际涯，朝晖夕阴，气象万千。"北宋文学家范仲淹在《岳阳楼记》中对洞庭湖的描述犹在耳畔。唐代诗人孟浩然在《望洞庭湖赠张丞相》中用"气蒸云梦泽，波撼岳阳城"称颂了洞庭湖磅礴的气势。"洞庭天下水，岳阳天下楼"，洞庭湖的魅力千百年来被无数文人名士用文字所称赞。唐代诗人李白的《陪族叔刑部侍郎晔及中书贾舍人至游洞庭》中这样描述洞庭湖"夏秋水涨"的水情："洞庭西望楚江分，水尽南天不见云。日落长沙秋色远，不知何处吊湘君。"诗人白居易在《自蜀江至洞庭湖口，有感而作》中也写道："每岁秋夏时，浩大吞七泽。"洞庭湖水一般自 4 月起涨，7、8、9 三个月为高峰期，10月底进入枯水期。洞庭湖不仅有气势如虹的一面，亦有清逸俊秀的一面。唐代诗人刘禹锡笔下的洞庭秋水充溢着浪漫主义的气息，他的《望洞庭》也成为描写洞庭湖宁静风光的传世佳作："湖光秋月两相和，潭面无风镜未磨。遥望洞庭山水翠，白银盘里一青螺。"诗人把远处的君山比作盛在银盘里的青螺，皓月当空，洞庭山愈显青翠，洞庭湖水愈显清澈，山水浑然一体，远远望去如同一只雕镂剔透的银盘里放了一颗小巧玲珑的青螺，以小喻大，可谓奇特。清代诗人袁枚的《过洞庭湖水甚小》写道："我昔舟泛洞庭烟，万

洞庭湖

顷琉璃浪拍天。我今舟行洞庭雪，四面平沙浪影绝。昔何其盛今何衰？洞庭君来笑致词。请君将身作水想，消息盈虚君自知。君昔来游可有胸吞云梦意，君今来游可是心波不动时？春自生，冬自槁，须知湖亦如人老。"诗人通过龙王之口解释了洞庭湖湖面由大到小的变化是不同季节带来的差异，"春自生，冬自槁"反映了洞庭湖汛枯变化的特点。

"澄潭日出渔帆集"——太湖

　　太湖位于江苏和浙江两省的交界处，长江三角洲的南部，是我国第三大淡水湖。春秋战国时期，吴越两国以太湖为界，湖之西为吴，湖之东为越。吴越地区是著名的水乡泽国，孕育了江南的文化。宋代诗人陈舜俞在《初入太湖》一诗中写道："东南有具区，三万六千顷。"宋代欧阳修的《远山》一诗描绘了泛舟太湖上，琳琅满目的小岛与山峰的万千变化："山色无远近，看山终日行。峰峦随处改，行客不知名。"唐代诗人王昌龄在《太湖秋夕》中写道："水宿烟雨寒，洞庭霜落微。月明移舟去，夜静梦魂归。暗觉海风度，萧萧闻雁飞。"诗人似睡非睡，似梦非梦，置身太湖湖畔隐隐地感到似有海风吹来，为我们描绘了一幅宁静的太湖秋夕图。太湖流域气候温和湿润，水网稠密，土壤肥沃，素有"鱼米之乡"的美誉，时有"苏湖熟，天下足"的说法。太湖的繁盛从明代胡缵宗所作《太湖》可见一斑，"澄潭日出渔帆集，遥浦潮平贾棹通"体现了当时太湖渔船往来、商贾云集的盛况。

⌃ 太湖

"青海长云暗雪山"——青海湖

青海湖位于青藏高原东北部，是我国最大的内陆咸水湖，也是世界上海拔较高的湖之一。历史上最早关于青海湖的记载见于郦道元的《水经注》："海周七百五十余里，中有二山……二山东西对峙，水色青绿，冬夏不枯不溢。自日月山望之，如黑云冉冉而来。"壮阔的青海湖早就进入了人们的视野，在这里，驰骋千里的骏马、高耸入云的雪山、空旷辽阔的草原无不充满神秘与新奇。古代战事频繁，唐代诗人描写青海湖的边塞诗大部分充满了悲壮的意蕴，如唐代著名的边塞诗人王昌龄的《从军行七首》写道："青海长云暗雪山，孤城遥望玉门关。黄沙百战穿金甲，不破楼兰终不还。"青海湖上空乌云密布，让周边的雪山都失了颜色。边塞古城，玉门雄关，远隔千里，遥遥相望。守边将士，身经百战，壮志不泯，诗句流露出他们不灭进犯之敌誓不返乡的豪迈气概。此外，唐代诗人高适写道："青海阵云匝，黑山兵气冲。"唐代诗人柳宗元写道："洋洋西海水，威命穷天涯。"唐代诗人崔融写道："月生西海上，气逐边风壮。"诗人们不仅通过诗句表达了他们想要建功立业的抱负，还描述了战争的残酷无情以及将士们的思乡之情。唐代诗人杜甫在《兵车行》中写道："君不见青海头，古来白骨无人收。新鬼烦冤旧鬼哭，天阴雨湿声啾啾。"李白在《关山月》中写道："明月出天山，苍茫云海间。长风几万里，吹度玉门关。汉下白登道，胡窥青海湾。由来征战地，不见有人还。"这些诗句对青海湖地区古战场的悲惨景象进行了描述。唐代诗人李荣树在《晚登南禅寺三清殿》中写道："自然落日照青海，欲泻杯中水一泓。"清代诗人陈文述在《日月山铭》中写道："青海万里，连山突兀。一峰切云，出入日月。"这些诗句都从不同的角度描绘了青海湖独具特色的自然风光。

探索与实践

你还知道哪些与湖泊有关的诗文，请制作手抄报与大家分享。

第四节　酌古御今湖之鉴

"酌古御今"一词出自南朝刘勰的《文心雕龙·奏启》："强志足以成务，博见足以穷理，酌古御今，治繁总要，此其体也。" 意思是指择古之善者为今日的借鉴。通过分析，我们认识到随着气候的变化，湖泊生态系统也会发生变化。随着城市的发展，湖泊的面积大小、水质及其附近的环境等都会受到影响。

自然环境是人类生存和发展的基础。人类不仅从自然环境中获得食物、淡水、木材、各种矿产……还享受了自然环境提供的质量良好的空气、舒适的气候及美景等。这些人类从自然环境中获得的各种益处，就体现了自然环境的服务功能，具体包括供给服务、调节服务、文化服务和支撑服务等。

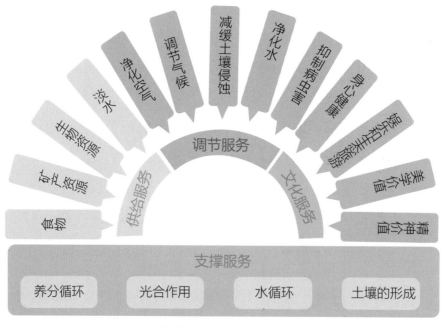

△ 自然环境的服务功能示例

自然环境的供给服务主要是为人类提供自然资源，满足人类生存和发展的空间与物质需求。随着经济的发展，人类从自然环境中获取的自然资源种类和数量不断增加。自然环境的调节服务为人类提供相对适宜的生存环境，如自然界中的水能够调节温度的波动幅度、净化空气、容纳和降解人类排放的废弃物等。人类社会发展带来的许多环境问题，需要通过自然环境的调节服务来化解。自然环境的文化服务是指人类从自然环境中获得的精神享受、审美体验等非物质收益，它们可以陶冶人们的情操，丰富人类的精神世界。

自然环境是一个复杂的系统。它由太阳能持续供给能量，物质能够从无机环境进入生命体，最终又回到无机环境中，从而完成物质的循环与能量的流动，同时自然环境能够通过自我调节来维持稳定。人类对自然环境的利用要限制在自然环境的可承受范围之内，不能损害自然环境的服务功能。人类对环境的影响与人口数量、人均资源消耗量和技术水平密切相关。由于区域经济发展水平的不同，人均资源消耗量具有显著的区域差异。技术进步对环境的影响具有两面性。技术越发达，人类对自然环境影响的程度越大，人类通过研发环境友好技术，能够提高资源利用率和废弃物处理量，降低对自然环境的负面影响。

生态文明是以人与自然、人与人、人与社会和谐共生、良性循环、全面发展、持续繁荣为基本宗旨的。生态文明是人类文明发展的历史趋势。以生态文明建设为引领，协调人与自然的关系，要把人类活动限制在生态环境能够承受的限度内，对山水林田湖草沙进行一体化保护和系统治理。西湖是人与自然和谐相处的典范。我们一起来了解西湖的故事。

2011 年 6 月，中国杭州西湖文化景观正式被列入《世界遗产名录》。世界遗产是一项由联合国发起、联合国教育科学文化组织负责执行的国际公约建制，以保存对全世界人类都具有杰出普遍性价值的自然或文化处所为目的。我国自 1985 年加入《保护世界文化与自然遗产公约》以来，截至 2023 年 9 月，已有 57 项世界遗产，其中世界文化遗产 39 项、世界

文化与自然双重遗产 4 项、世界自然遗产 14 项。西湖凭借上千年的历史积淀所孕育出的特有的江南风韵和大量杰出的文化景观入选世界文化遗产，它同时也是现今世界遗产名录中少数几个、中国唯一一处湖泊类文化遗产。

西湖位于浙江省杭州市，是我国主要的观赏性淡水湖泊之一。杭州西湖文化景观借由湖泊联系起了古今人们的生活。关于"西湖"的名称，源于唐朝。到了宋朝，苏东坡咏诗赞美西湖："水光潋滟晴方好，山色空蒙雨亦奇。欲把西湖比西子，淡妆浓抹总相宜。"诗人别出心裁地把西湖比作我国古代的美人西施，于是，西湖又多了一个"西子湖"的雅号。

西湖自古以来就以秀丽的湖光山色和众多的名胜古迹而扬名天下，历代文人墨客到此游览，写下不少著名诗篇。许仙与白娘子的传奇故事更为西湖增添了无限的神秘色彩。关于西湖的来历，有着许多神话传说和民间故事。相传在很久以前，天上的玉龙和金凤在银河边的仙岛上找到了一块白玉，他们一起琢磨了许多年，白玉就变成了一颗璀璨的明珠，这颗明珠照到哪里，

△ 雷峰塔

哪里就树木常青、百花常开。但是后来这颗明珠被王母娘娘发现了，王母娘娘就派天兵天将把明珠抢走了。玉龙和金凤赶去索珠，王母娘娘不肯还，于是就发生了争抢。其间，王母娘娘的手一松，明珠就落到了人间，变成了波光粼粼的西湖，玉龙和金凤也随之下凡，变成了玉皇山和凤凰山，永远守护着西湖。

西湖三面环山，湖面面积约 6.38 平方千米，东西宽约 2.8 千米，南北长约 3.2 千米，绕湖一周近 15 千米。湖面被孤山、白堤、苏堤、杨公堤分隔，形成外西湖、西里湖、北里湖、小南湖及岳湖等五片水域，苏堤、白堤越过湖面，小瀛洲、湖心亭、阮公墩三个小岛鼎立于外西湖湖心，夕照山的雷峰塔与宝石山的保俶塔隔湖相映，由此形成了"一山、二塔、三岛、三堤、五湖"的基本格局。"未能抛得杭州去，一半勾留是此湖。"西湖在中国的传统文化和风景名胜中占有重要地位，如今的西湖正以其更加优美的姿态，吸引着五洲四海的宾客。